面向共享的科技计划项目元数据框架

刘春燕◎著

科学技术文献出版社
SCIENTIFIC AND TECHNICAL DOCUMENTATION PRESS
·北京·

图书在版编目（CIP）数据

面向共享的科技计划项目元数据框架 / 刘春燕著. —北京：科学技术文献出版社，2022.9

ISBN 978-7-5189-9542-4

Ⅰ.①面… Ⅱ.①刘… Ⅲ.①科技计划—计划管理—研究 Ⅳ.① G322.1

中国版本图书馆 CIP 数据核字（2022）第 159988 号

面向共享的科技计划项目元数据框架

策划编辑：周国臻　责任编辑：刘英杰　李　斌　责任校对：王瑞瑞　责任出版：张志平

出 版 者	科学技术文献出版社
地　　址	北京市复兴路15号　邮编　100038
编 务 部	（010）58882938，58882087（传真）
发 行 部	（010）58882868，58882870（传真）
邮 购 部	（010）58882873
官方网址	www.stdp.com.cn
发 行 者	科学技术文献出版社发行　全国各地新华书店经销
印 刷 者	北京虎彩文化传播有限公司
版　　次	2022年9月第1版　2022年9月第1次印刷
开　　本	710×1000　1/16
字　　数	226千
印　　张	16
书　　号	ISBN 978-7-5189-9542-4
定　　价	56.00元

版权所有　违法必究

购买本社图书，凡字迹不清、缺页、倒页、脱页者，本社发行部负责调换

前　言

国家科技计划项目是我国集中力量解决社会和经济发展中涉及重大科技问题的主要模式，是合理配置科技资源的重要手段。科技计划项目元数据作为描述科技计划项目背景、业务流程及成果等多层次对象的结构化描述语言和工具，在 E-Science 环境下，既是促进科技计划项目运行全生命周期产生、累积和共享信息与知识资源的重要技术方法和手段，也是在科技计划项目以全新理念、方法和手段管理资源时组织战略层面的优先选择。

目前，我国学术界对科技计划项目元数据的研究主要侧重于技术和文献资源层面的构建、分析和运用，从管理角度和科技资源共享角度开展对科技计划项目元数据的综合性分析研究还比较少。在实践层面，多年来，美国 NSF 和其他基金管理机构通过指南的方式要求项目承担者提供元数据，但一直忽略或忽视了实施的具体措施，导致当前基金领域元数据实施成效不一，元数据构建后很难实现其设计时的各项功能。此外，当前我国关于科技计划项目的元数据及其结构都是异构的，分布在众多网页和特定项目存储中，相互之间几乎没有语义关联。

本书是国家社会科学基金项目的研究成果。全书在连续体理论、复杂系统理论、信息生态理论等理论分析的基础上，借鉴信息科学、社会学、文献学的研究方法，并以 DCMI 提出的 DC 新加坡框架为重要参考系，综合研究了我国科技计划项目业务流程全生命周期的科技计划项目元数据框架，提出了相应的科技计划项目元数据框架评价指标并进行了相应的维护研究，研究了我国科技计划项目元数据的共享方法和共享工具。最后，结合我国科技计划项目管理的新特点，对国家科技重大专项元数据框架进行了案例研究。

本书按照提出问题、分析问题、解决问题、实证分析和得出结论的研究思路开展研究。首先，提出问题：根据元数据在科技计划项目不同

面向共享的科技计划项目元数据框架

阶段和领域的不平衡应用和效果的现状，得出对科技计划项目元数据进行框架性研究的必要性和紧迫性结论。其次，分析问题：对科技计划项目元数据框架的概念、特征、内涵、功能等进行整体分析，同时对国内外科技计划项目元数据框架相关研究进行述评，包括科技计划项目管理中的信息资源管理、科技资源共享的机制研究、元数据及其框架相关研究等，并借鉴连续体理论、复杂系统理论和信息生态理论开展科技计划项目元数据框架构建的理论和方法论研究，寻求科技计划项目元数据框架的理论支持。再次，解决问题：在以上研究的基础上，详细开展我国科技计划项目元数据框架构建研究、维护研究与元数据共享方法和工具研究。接着，实证分析：以国家科技重大专项元数据框架研究为案例，对前面构建的我国科技计划项目元数据框架进行验证。最后，得出结论：对本书的研究结论、研究创新、研究局限进行总结，并给出需要进一步研究的建议。

科技计划项目元数据框架的制定和实施是一个系统、持久、不断维护更新的过程，本书提出的国家科技计划项目元数据框架模型的验证还需要经受实践的检验，仍需迭代和丰富，还有一些没有想透的问题需要继续思考。书中难免有不妥之处，欢迎大家批评指正。

目 录

1 绪 论 ·· 1

  1.1 问题的提出 ·· 1

  1.2 分析框架和研究内容 ·· 2

    1.2.1 分析框架 ·· 2

    1.2.2 研究内容 ·· 5

  1.3 研究方法 ·· 6

2 科技计划项目元数据框架的内涵、特征及功能 ················· 9

  2.1 科技计划项目元数据框架的概念与特征 ······················· 9

    2.1.1 科技计划项目元数据框架的概念 ······················· 9

    2.1.2 科技计划项目元数据框架的特征 ······················· 12

  2.2 科技计划项目元数据框架的内涵、功能与特点 ··········· 13

    2.2.1 科技计划项目元数据框架的内涵 ······················· 13

    2.2.2 科技计划项目元数据框架的功能 ······················· 17

    2.2.3 科技计划项目元数据框架的特点 ······················· 19

3 国内外科技计划项目元数据框架相关研究述评 ················· 21

  3.1 科技计划项目管理中的信息资源管理 ··························· 21

    3.1.1 科技资源观及元数据资源观 ······························· 21

    3.1.2 我国科技资源共享研究 ······································ 24

  3.2 科技资源共享机制的研究 ··· 25

    3.2.1 当前科技资源共享所处的环境 ··························· 25

    3.2.2 科技资源共享机制研究 ······································ 26

  3.3 元数据相关研究概述 ·· 29

    3.3.1 元数据构建方法研究 ·· 29

3.3.2 元数据标准化研究 ·· 31
  3.3.3 元数据及其框架功能与应用研究 ····························· 34
  3.3.4 元数据框架研究 ·· 35
  3.3.5 科技计划项目元数据框架的关联性研究 ····················· 37
  3.3.6 元数据框架的维度和技术视角研究 ·························· 39
  3.3.7 面向应用的元数据框架实例研究 ····························· 40
  3.3.8 国外科研领域相关元数据研究 ································ 42
 3.4 面向共享的科技计划项目元数据框架研究的必要性与可行性 ··· 47
  3.4.1 当前我国科技计划项目中元数据应用的现状与
     问题分析 ··· 47
  3.4.2 国际科技计划项目元数据框架应用的现状及问题 ······ 49
  3.4.3 科技计划项目共享元数据的重要意义 ······················· 52

4 科技计划项目元数据框架构建的理论和方法论研究········· 54

 4.1 科技资源观视角下的元数据连续体资源优化配置假设，
   以连续体理论为支撑 ·· 54
  4.1.1 连续体相关理论研究 ··· 54
  4.1.2 连续体视角下的元数据框架 ··································· 55
 4.2 科技计划项目信息治理视角下的元数据复杂系统管理模型，
   以复杂系统理论为支撑 ·· 56
  4.2.1 复杂系统相关理论研究 ·· 56
  4.2.2 对信息治理下的科技计划项目元数据框架
     的相关启示 ·· 56
 4.3 科技协同创新视角下的元数据框架构建生态支撑体系，
   以信息生态理论为支撑 ·· 57
  4.3.1 信息生态相关理论研究 ·· 57
  4.3.2 对协同创新的科技计划项目元数据的相关启示 ·········· 57
 4.4 基于资源共享的科技计划项目元数据框架设计原则 ·········· 58
 4.5 科技计划项目元数据框架构建方法 ································ 59
 4.6 科技计划项目元数据框架构建方法的集成应用研究 ·········· 63

4.6.1　科技计划项目元数据框架构建方法的综合应用 …… 63
　　　4.6.2　科技计划项目元数据框架集成过程研究 ………… 64

5　我国科技计划项目元数据框架构建研究 ……………… 66

5.1　我国科技计划项目元数据框架构建原则研究 ………… 66
　　　5.1.1　当前我国科技计划项目管理的新趋势 …………… 66
　　　5.1.2　我国科技计划项目元数据框架设计需要考虑
　　　　　　的几个关键问题研究 ………………………………… 67
　　　5.1.3　我国科技计划项目元数据框架构建原则 ………… 71
5.2　科技计划项目元数据框架构建模型研究 ……………… 73
5.3　科技计划项目元数据框架概念模型研究 ……………… 74
　　　5.3.1　科技计划项目元数据生命周期要素流模型研究 … 74
　　　5.3.2　科技计划项目元数据框架业务模型研究 ………… 75
5.4　我国科技计划项目元数据框架组成及结构研究 ……… 76
　　　5.4.1　我国科技计划项目元数据类型分析 ……………… 76
　　　5.4.2　我国科技计划项目元数据实体分析 ……………… 77
　　　5.4.3　我国科技计划项目几类典型元数据研究 ………… 81

6　科技计划项目元数据框架维护研究 ……………………… 98

6.1　科技计划项目元数据框架评价研究 …………………… 98
　　　6.1.1　科技计划项目元数据框架评价理论 ……………… 98
　　　6.1.2　科技计划项目元数据框架评价指标研究 ………… 100
　　　6.1.3　元数据框架评价方法研究 ………………………… 104
　　　6.1.4　面向资源共享的我国科技计划项目元数据框架
　　　　　　调查方案设计原则 …………………………………… 107
6.2　我国科技计划项目元数据框架质量管理社会调查研究 … 108
6.3　我国科技计划项目元数据框架需求的社会调查 ……… 109
　　　6.3.1　科技计划项目元数据框架需求及影响因素的问卷
　　　　　　调查方案设计 ………………………………………… 109
　　　6.3.2　科技计划项目元数据需求及影响因素结果分析 … 110

6.4 我国科技计划项目元数据框架科学性的问卷调查 …………… 119
    6.4.1 我国科技计划项目元数据框架科学性的问卷调查方案设计 ………………………………………… 119
    6.4.2 我国科技计划项目元数据框架科学性的问卷调查结果分析 ……………………………………… 120

6.5 我国科技计划项目元数据框架应用的访谈调查 …………… 121
    6.5.1 我国科技计划项目元数据框架应用的访谈方案设计 ……………………………………………… 121
    6.5.2 我国科技计划项目元数据框架应用的访谈结果分析 ……………………………………………… 122

6.6 科技计划项目元数据框架维护方法研究 …………………… 123
    6.6.1 科技计划项目元数据框架质量管理模型 ……… 123
    6.6.2 科技计划项目元数据框架维护策略研究 ……… 124

7 科技计划项目元数据框架面向共享的方法和工具研究 … 125

7.1 国内外科技计划项目元数据共享环境及技术方法研究 …… 125
    7.1.1 国内外科技计划项目元数据共享环境分析 …… 125
    7.1.2 国内外科技计划项目元数据共享和互操作主要技术方法 ………………………………………… 126

7.2 我国科技计划项目元数据框架共享方法研究 ……………… 129
    7.2.1 编制和采用相关元数据技术标准 ……………… 129
    7.2.2 采取节点控制实现元数据应用 ………………… 129
    7.2.3 编制科技计划项目元数据框架应用指南 ……… 136

7.3 我国科技计划项目元数据框架共享技术工具研究 ………… 137
    7.3.1 科技计划项目元数据 XML 表示研究 …………… 137
    7.3.2 科技计划项目元数据管理系统研究 …………… 137

7.4 小结 …………………………………………………………… 139

8 国家科技重大专项元数据框架案例研究 ………………… 141

8.1 国家科技重大专项项目及其元数据需求特征 ……………… 141

8.1.1　国家科技重大专项项目概况 ················· 141

　　　8.1.2　国家科技重大专项项目元数据需求分析 ········· 144

　8.2　国家科技重大专项元数据实体及相互关系研究 ············ 147

　　　8.2.1　多实体国家科技重大专项元数据领域模型 ········ 147

　　　8.2.2　国家科技重大专项元数据实体及相互关系研究 ····· 150

　　　8.2.3　多实体国家科技重大专项元数据元数集设计研究 ··· 156

　8.3　国家科技重大专项元数据框架应用研究 ················ 159

9　结　论 ··· 161

　9.1　研究结论 ··································· 161

　9.2　研究创新 ··································· 163

　9.3　研究不足 ··································· 164

　9.4　未来研究建议 ······························· 165

附录 A　国家科技重大专项元数据相关术语汇总 ············· 166

附录 B　国家科技计划项目管理政策中相关信息共享
**　　　　规定示例** ··································· 180

　B.1　我国人才信息共享相关政策 ···················· 180

　B.2　我国奖励相关信息共享政策 ···················· 186

　B.3　我国科技计划项目相关信息共享政策（以 863 计划为例）··· 190

附录 C　科技计划项目元数据需求及影响因素调查问卷 ······ 202

附录 D　科技计划项目元数据框架问卷调查 ··············· 209

附录 E　科技计划项目元数据管理访谈提纲 ··············· 223

　E.1　面向科技计划项目管理人员的访谈提纲 ············ 223

　E.2　面向科技计划项目相关信息技术人员的访谈提纲 ····· 224

　E.3　面向一线科研人员的访谈提纲 ···················· 226

参考文献 ··· 228

图表目录

图 1-1	本书的研究框架	4
图 2-1	语义网环境中的科技计划项目元数据框架	16
图 2-2	科技信息资源元数据生命周期模型	17
图 3-1	元数据显示格式的维度特征	33
图 3-2	CERIF2000 实体、角色、状态、类型图示化示例	44
图 3-3	政策、科学研究的相关元数据模型	46
图 4-1	元数据及其使用的 8 个阶段扩展数据生命周期模型	55
图 4-2	科技计划项目元数据框架构建方法集成应用模型	64
图 5-1	我国科技计划项目元数据框架构建模型	73
图 5-2	科技计划项目元数据生命周期要素流模型	74
图 5-3	共享生态环境中科技计划项目元数据实体类型及相关关系概念	75
图 5-4	科技计划项目元数据层级模型	77
图 5-5	国家科技计划项目元数据实体及实体间的相互关系	78
图 5-6	多元实体类与扁平化单实体类的转换	79
图 5-7	E-R 图的主要成分	90
图 5-8	科技计划项目过程管理 E-R 图	90
图 5-9	科技报告元数据概念框架	97
图 6-1	三种元数据质量评价框架的映射	101
图 6-2	我国科技计划项目元数据框架质量管理模型	124
图 7-1	多来源科技计划项目元数据收割系统	138
图 7-2	我国科技计划项目元数据注册管理系统	139
图 8-1	国家科技重大专项元数据实体框架模型	149
图 8-2	关联实体链接两个实体示例	150
图 8-3	国家科技重大专项基本实体及相互关系	151
图 8-4	国家科技重大专项成果实体及相互关系	152

图表目录

图 8-5　国家科技重大专项授权实体及相互关系 …………… 154
图 8-6　国家科技重大专项评估实体及相互关系 …………… 155

表 2-1　DC 新加坡框架应用纲要 …………………………… 15
表 3-1　不同视角下的元数据概念 …………………………… 23
表 3-2　元数据构建方法 ……………………………………… 30
表 3-3　元数据分类示例 ……………………………………… 32
表 3-4　元数据显示格式 ……………………………………… 32
表 3-5　元数据及其框架功能和应用的观点梳理 …………… 34
表 3-6　科技创新系统利益相关者及角色 …………………… 37
表 3-7　几种面向应用的元数据框架 ………………………… 40
表 3-8　CASRAI 词典的概念模块 …………………………… 45
表 3-9　基金及项目中对元数据的相关规定及要求 ………… 50
表 4-1　科技计划项目元数据框架设计原则 ………………… 59
表 4-2　不同科技计划项目元数据框架构建方法的比较 …… 63
表 5-1　新五类科技计划 ……………………………………… 67
表 5-2　科技成果转化相关政策法规 ………………………… 70
表 5-3　科技计划项目元数据实体类型 ……………………… 77
表 5-4　科技计划项目元数据实体 …………………………… 79
表 5-5　科技计划项目计划（专项、基金）级元数据简表 …… 81
表 5-6　科技计划项目计划（专项、基金）级元数据语义结构描述示例 …………………………………………… 86
表 6-1　关于元数据应用纲要评价的研究 …………………… 102
表 6-2　科技计划项目元数据框架评价指标 ………………… 103
表 6-3　科技计划项目元数据需求及影响因素主题分析结果 … 110
表 6-4　科技计划项目元数据框架专家反馈意见汇总 ……… 120
表 8-1　科技重大专项重点要素及对应元数据需求分析 …… 145
表 8-2　国家科技重大专项元数据实体类型 ………………… 148
表 8-3　基本实体元数据元素 ………………………………… 157
表 8-4　国家科技重大专项链接实体元数据描述示例 ……… 159

附表 A-1　科技计划项目术语汇总 …………………………………… 166
附表 B-1　我国主要人才政策相关信息公开规定一览 ……………… 181
附表 B-2　我国人才信息公开形式及内容示例 ……………………… 185
附表 B-3　我国奖励相关政策法规 …………………………………… 187
附表 B-4　863 计划项目相关管理办法一览 ………………………… 190
附表 B-5　863 计划项目管理文件与其他管理文件的链接情况 …… 194
附表 B-6　863 计划信息公开情况 …………………………………… 196
附表 B-7　863 计划保密信息内容汇总 ……………………………… 199

1 绪 论

国家科技计划项目是我国集中力量解决社会和经济发展中涉及重大科技问题的主要模式,是合理配置科技资源的重要手段。科技计划项目元数据作为描述科技计划项目背景、业务流程及成果等多层次对象的结构化描述语言和工具,在 E-Science 环境下,既是促进科技计划项目运行全生命周期产生、累积和共享信息和知识资源的重要技术方法和手段,也是在科技计划项目以全新理念、方法和手段管理资源时组织战略层面的优先选择。

1.1 问题的提出

科技计划项目是各国以全面提升创新能力和科技综合竞争力为目标的科学技术研究开发活动,是当前我国集中资源解决各学科领域和经济社会发展中迫切需要解决的重要问题的主要模式。科技计划项目元数据是描述科技计划项目研究成果背景、内容、结构和管理的数据。在 E-Science 环境下,科技计划项目产生的研究成果已成为科技创新和国家发展的重要战略资源。当前在我国科研领域,科技计划项目的有效整合和高效组织,科技计划项目中关联及形成的各类信息资源(如科技报告、科学数据、自然资源、种子资源)的共享利用已得到国家战略层面的重视;从不同视角和技术层面实现科技计划项目的共享已成为学界和业界的重点关注问题;通过元数据技术手段来促进科技决策、项目管理和成果共享已成为当前国内外科技计划项目共享研究和实践的重要方向。

科学研究在不同国家其过程是相似的，主要包括战略计划、项目发布、项目申请、申请评估、项目结果监督、项目结果开发等。科学研究又是国际化的，在 A 国的一个研究项目可能要依赖于其他几个国家的前期研究。或者，A 国的研究活动可能会影响 B 国的研究战略，包括研究方法和资料提供等。因此，为促进人类的研究发展，需要实现研究新型的跨国共享，以及在同一国家的不同基金机构之间的共享。但是，在不同的体制机制下，科技计划项目共享的模式是不同的，其产生的成效也迥异。

在美国，科技人员都有固定的申请渠道，如申请到美国能源部 DOE 项目的高能物理研究人员，基本在以后不能再申请 NSF 的项目，且各计划项目管理部门对项目申请者进行全程跟踪和动态监护，对项目进展及技术水平都有整体的把握，从体制机制上杜绝了低水平重复立项的现象。在我国，近年来正在采取措施改善各基金项目之间、国家级科技计划项目及地方级科技计划项目之间管理相对独立，且互为封闭系统的状况，通过统筹科技计划项目分类、统一科技计划项目申报平台等相关措施，杜绝以往科技计划项目经常出现的重复立项、改头换面现象。我国科技计划项目管理模式的改变对技术的要求，特别是科技计划项目元数据框架的需求也变得迫切。

1.2 分析框架和研究内容

1.2.1 分析框架

目前我国学术界对科技计划项目元数据的研究，主要侧重技术和文献资源层面的构建、分析和运用，从管理角度和科技资源共享角度开展对科技计划项目元数据的综合性分析研究还比较少。在实践层面，多年来，美国 NSF 和其他基金管理机构通过指南的方式要求项目承担者提供元数据，但一直忽略或忽视了如何实施的具体措施，导致当前基金领域元数据实施成效不一，元数据构建后很难实现其设计时的各项功能。当前在我国，关于科技计划项目的元数据及其结构都是异构的，分布在众多网页和特定项目存储中，之间几乎没有语义关联。

本书在连续体理论、复杂系统理论、信息生态理论等理论分析的基础上，借鉴信息科学、社会学、文献学的研究方法，并根据 DCMI 提出的 DC 新加坡框架为重要参考系，综合研究了我国科技计划项目业务流程全生命周期的科技计划项目元数据框架，提出了相应的科技计划项目元数据框架评价指标和维护研究，研究了我国科技计划项目元数据的共享方法和共享工具。最后结合我国科技计划项目管理的新特点，对国家科技重大专项元数据框架进行了案例研究。本研究希望达到如下预期目标。

第一，确定研究模型，即在总结分析已有研究成果的基础上，分析讨论科技计划项目元数据框架构建的各种相关因素，构建模型并进行验证。

第二，从组织行为层面分析科技计划项目元数据框架设计原则、构建的方法论和方法、构建的实施步骤。

第三，分析我国科技计划项目全生命周期的元数据属性与特点，尤其是具有科技计划项目特征和促进管理创新类型的元数据，以及我国科技计划项目元数据框架的内容及组成。

第四，元数据的社会化研究是当前元数据构建领域的现状和趋势，分析科技计划项目元数据框架如何通过社会学方法来进行验证和改进。

第五，科技计划项目元数据框架的案例研究，以国家科技重大专项为实例，结合科技重大专项层级多、项目复杂、"跨地域、跨专业、跨部门"等特征，对科技重大专项元数据实体类型及关联结构关系进行重点分析。

本书拟根据以上 5 个方面的预期目标，开展探索性研究。

本书的研究框架如图 1-1 所示。

面向共享的科技计划项目元数据框架

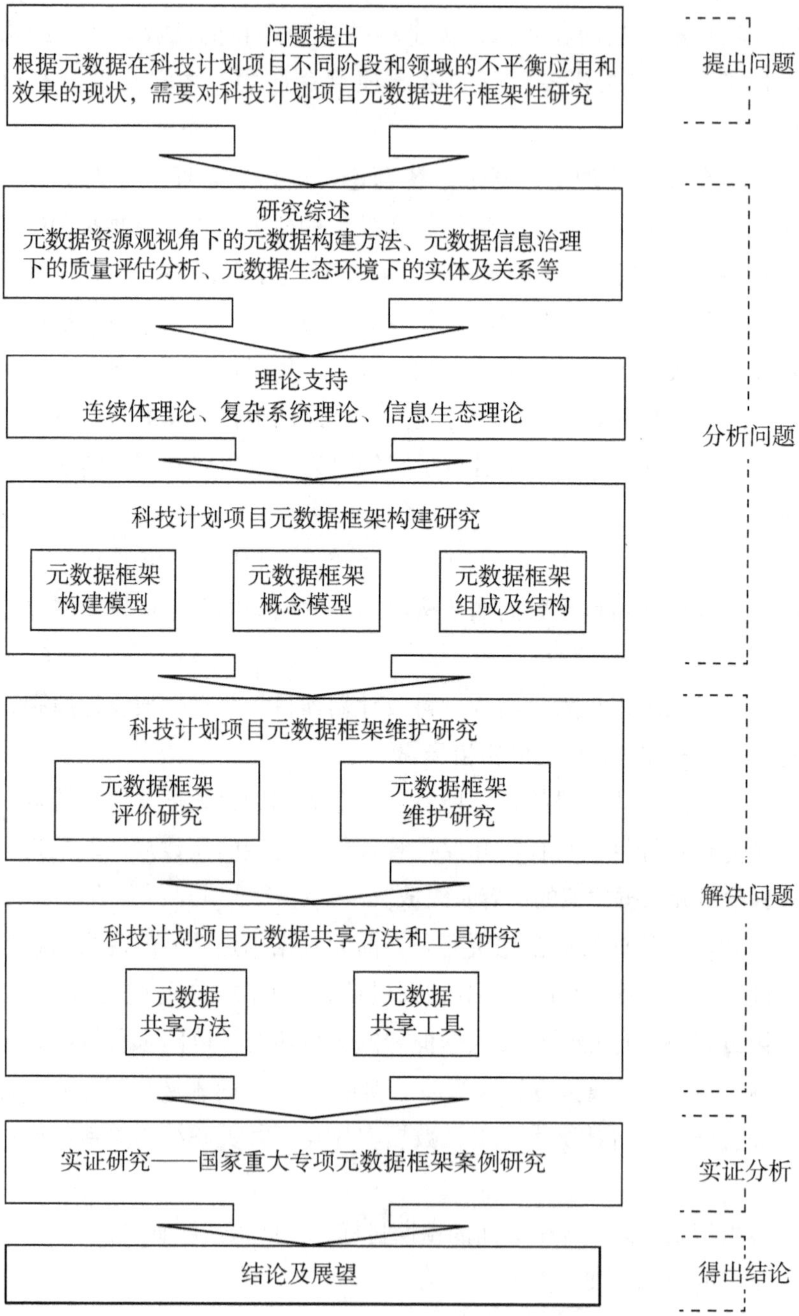

```
┌─────────────────────────────────────────────┐      ┆
│ 问题提出                                     │  提出问题
│ 根据元数据在科技计划项目不同阶段和领域的不平衡应用和 │      ┆
│ 效果的现状，需要对科技计划项目元数据进行框架性研究   │      ┆
└─────────────────────┬───────────────────────┘      ┆
                      ▼
┌─────────────────────────────────────────────┐      ┆
│ 研究综述                                     │      ┆
│ 元数据资源观视角下的元数据构建方法、元数据信息治理 │      ┆
│ 下的质量评估分析、元数据生态环境下的实体及关系等  │      ┆
└─────────────────────┬───────────────────────┘      ┆
                      ▼                            分析问题
┌─────────────────────────────────────────────┐      ┆
│ 理论支持                                     │      ┆
│ 连续体理论、复杂系统理论、信息生态理论           │      ┆
└─────────────────────┬───────────────────────┘      ┆
                      ▼
┌─────────────────────────────────────────────┐      ┆
│ 科技计划项目元数据框架构建研究                   │      ┆
│ ┌────────┐   ┌────────┐   ┌────────┐       │      ┆
│ │元数据框架│   │元数据框架│   │元数据框架│       │      ┆
│ │构建模型 │   │概念模型 │   │组成及结构│       │      ┆
│ └────────┘   └────────┘   └────────┘       │      ┆
└─────────────────────┬───────────────────────┘      ┆
                      ▼
┌─────────────────────────────────────────────┐      ┆
│ 科技计划项目元数据框架维护研究                   │      ┆
│   ┌────────┐          ┌────────┐            │      ┆
│   │元数据框架│          │元数据框架│            │   解决问题
│   │评价研究 │          │维护研究 │            │      ┆
│   └────────┘          └────────┘            │      ┆
└─────────────────────┬───────────────────────┘      ┆
                      ▼
┌─────────────────────────────────────────────┐      ┆
│ 科技计划项目元数据共享方法和工具研究              │      ┆
│   ┌────────┐          ┌────────┐            │      ┆
│   │元数据   │          │元数据   │            │      ┆
│   │共享方法 │          │共享工具 │            │      ┆
│   └────────┘          └────────┘            │      ┆
└─────────────────────┬───────────────────────┘      ┆
                      ▼
┌─────────────────────────────────────────────┐      ┆
│ 实证研究——国家重大专项元数据框架案例研究        │   实证分析
└─────────────────────┬───────────────────────┘      ┆
                      ▼
┌─────────────────────────────────────────────┐      ┆
│ 结论及展望                                   │   得出结论
└─────────────────────────────────────────────┘      ┆
```

图 1-1　本书的研究框架

1.2.2 研究内容

运用以上的分析框架，本书研究了以下内容。

（1）科技计划项目元数据框架理论研究

用连续体理论，分析科技计划项目元数据框架描述的信息具有业务活动自然过程特性、元数据资源配置特性；用复杂系统理论为基础，分析科技计划项目元数据的简单化和丰富性的辩证统一；以信息生命周期理论为支撑，分析科技计划元数据生态环境中人、信息、价值观和技术之间的相互关系及作用。

（2）国内外科技计划项目元数据框架研究综述

从科技计划项目元数据在元数据研究中的现状、国内外科技计划项目元数据相关研究、国内外科技计划项目元数据框架相关研究3个方面进行了文献述评。在元数据研究层面，对资源优化配置下、信息治理下、协同创新下3个视角的科技计划项目元数据研究内容及重点问题进行了分析。在元数据框架研究层面，对科技计划项目元数据框架应用环境、面向应用的领域元数据框架等进行了分析比较研究。在文献综述基础上，提出了构建我国科技计划项目元数据框架的切入点和研究起点。

（3）科技计划项目元数据框架构建研究

分析科技计划项目元数据框架设计的原则；结合其他相关研究方法，提出科技计划项目元数据框架构建中可借鉴的研究方法和集成化应用；讨论科技计划项目元数据框架的构建步骤。

分析科技领域元数据研究和实践，借鉴DC新加坡框架提出科技计划项目元数据框架概念模型；从共享生态环境视角，借鉴文件管理实体关系三元组概念模型，建立并详细分析科技计划项目元数据实体类型及相关关系；分析科技计划项目元数据框架的构建特征和构建功能。

（4）科技计划项目元数据框架维护研究

借鉴投入产出理论、决策支持理论和资源共享理论，构建科技计划项目元数据框架评价的理论基础；参照元数据质量评价和元数据应用纲要评价中可借鉴的评价指标及方法，提出科技计划项目元数据框架评价

面向共享的科技计划项目元数据框架

指标体系；探讨科技计划项目元数据框架长期维护可借鉴的标准、方法和技术。

（5）科技计划项目元数据共享方法和工具研究

开展国内外科技计划项目元数据共享环境及技术方法研究，包括国内外科技计划项目元数据共享环境分析、国内外科技计划项目元数据共享和互操作主要技术方法研究、国外科技计划项目元数据共享案例分析。在此基础上，开展我国科技计划项目元数据框架共享方法研究，包括编制和应用相关元数据技术标准、采用节点控制实现元数据应用、编制科技计划项目元数据框架应用指南、动态维护科技计划项目元数据框架；开展我国科技计划项目元数据共享技术工具研究，包括 XML 表示、建立科技计划项目元数据管理系统等。

（6）国家重大专项项目元数据框架案例研究

在开展科技计划项目管理政策环境新趋势下，国家科技重大专项元数据框架设计案例研究包括在分析国家科技重大专项项目概况的基础上，开展国家科技重大专项项目元数据的需求分析，并借鉴通用欧洲研究信息格式（CERIF）元数据框架构建理念，开展国家科技重大元数据实体类型分析、元数据实体及相互关系研究。

最后，对本书的研究结论、研究创新、研究局限进行了总结，并给出了需要进一步研究的建议。

1.3 研究方法

本书针对面向共享的科技计划项目元数据框架，综合运用了文献调查、案例分析、社会调查、综合分析 4 种研究方法。

（1）文献调查法

本书在调研国外研究成果时，主要选取了 ISI Web of Science 数据库、ProQuest 博硕士论文全文数据库、SpringerLink 数据库等国际权威数据库，采用"metadata framework""scientific metadata""fund metadata"等关键词

1 绪 论

对本书相关内容进行了主题检索。

在调研国内研究及成果时，主要选取了国家工程技术图书馆的学位论文数据库、学术会议数据库、维普中文期刊数据库等进行了检索。

与此同时，本研究还通过网络搜索引擎（百度、谷歌等）进行了互联网检索和调研，重要的调研文献类型包括会议论文（如 DC 年会会议论文）、研究报告、元数据相关标准规范等。

（2）案例分析法

本研究通过分析和借鉴美国及欧洲等国家地区在元数据框架的理论研究及元数据在科技计划项目的应用实践研究，为科技计划项目元数据框架提供了理论和经验支持。此外，开展我国国家科技重大专项元数据框架案例研究，力图佐证本书提出的元数据框架模型、内容构建、工具构建及构建讨论等各方面研究理念。

（3）社会调查法

本研究在对我国科技计划项目元数据框架开展需求分析和应用验证时，采用了问卷调查和专家访谈等社会调查法。其中问卷调查包括面向一线科研人员的"科技计划项目元数据需求及影响因素"调查表和面向元数据专家的"科技计划项目元数据框架"调查表。"科技计划项目元数据需求及影响因素"调查表是在笔者作为核心人员参与国家科技报告制度建设时，于2014年3—7月通过定向调查方式发放（通过国家科技报告宣传培训会议发放，发放范围为参加2014年成都、青海、济南、重庆等地的科技报告宣传培训的项目承担者和项目管理者）。本次调查发送调查表280份，回收249份，有效问卷240份，调查结果具有很高的参考意义和价值。"科技计划项目元数据框架"调查表是在通过对元数据论文、元数据标准、元数据实施项目等方面的调研和汇集，优选了19位元数据内容专家作为调查对象，采用德尔菲专家调查方法对元数据框架技术内容进行调查，调查结果对研究技术内容修正具有重要指导意义。为使本研究对我国科技计划项目管理更具有实践意义，笔者分别对计划管理人员、计划信息系统维护人员、一线科研人员进行了深度访谈。访谈人数近20人，访谈内容包括科技计划项目中元数据管理和应用的现状、科技计划项目元数据统一管理和共享实施的需求、机遇和挑战等。访谈为我

面向共享的科技计划项目元数据框架

国科技计划项目元数据框架构建和管理提供了实践依据。

（4）综合分析法

本研究将科技计划项目作为一个复杂性系统，采用系统分析、业务流程分析、对比分析等方法研究科技计划项目元数据构建面临的各种困难和问题，探索建立我国科技计划项目元数据框架的可行性。

2 科技计划项目元数据框架的内涵、特征及功能

科技计划项目元数据框架需要综合考虑科技计划项目元数据面临的内外部环境，并根据相关具体问题，把握问题根源，提出解决问题的方案和措施。本章主要研究科技计划项目元数据框架的"what"问题，分析科技计划项目元数据框架的概念、要素及功能，以及科技计划项目元数据框架的结构要素及特征，为本书的研究提供可实现的研究目标。

2.1 科技计划项目元数据框架的概念与特征

2.1.1 科技计划项目元数据框架的概念

本研究涉及科技计划项目、资源共享、元数据、元数据框架等概念。
（1）科技计划项目

在我国，对于国家科技计划的范围有不同的理解。广义或常见的理解就是中央财政拨款支持或政策引导的国家级科技计划。在这些由中央财政支持或引导的计划中，管理执行部门包括科技部等多个部门，如国家发展改革委、工业和信息化部、中科院、国家自然科学基金委等。狭义的理解是指由国家科技行政部门组织实施的科技计划。

自 2001 年全面推行课题制以来，国家科技计划通常以项目或课题的形式组织实施。《国家科技计划项目管理暂行办法》第二条规定，国家科技计划项目是指在国家科技计划中实施安排，由单位或个人承担，并在

一定时间周期内进行的科学技术研究开发活动。《十三五科技计划体系说明》[1]规定，十三五科技计划体系包括国家自然科学基金、国家科技重大专项、国家重点研发计划、技术创新引导专项（基金），以及基地和人才专项五大类科技计划（专项、基金等）。

借鉴已有概念，科技计划项目是指以中央财政拨款和科技部归口管理为主的国家级科技计划的项目和课题。

（2）资源共享

Fischer等[2]认为，共享是科学领域的本质属性，共享是研究的内在组成部分，共享行为发生在基金机构、研究机构和行业领域等关联方之间。Yang等[3]认为，科技资源包括计算机资源、存储资源、数据、遗留代码及脚本、传感器、设备等，它们通常分布在不同的管理领域，打破保密和本地控制实现高效共享是E-Science的基本任务。

谭志刚等[4]认为，科技资源共享是指整合现有的科技资源，实现科技资源科学、高效使用和管理，创造出更大的价值，主要包括大型精密仪器、设备和实验条件等物理资源的共享、人才资源的共享及文献、图书、资料、科学数据等信息资源的共享。从共享生态环境看，科技资源共享是多维度、多层次和全方位的，主要包括科技信息使用权的共享，科技信息的整合和高效利用，各参与主体的合作和利益共享等。杨尚东[5]描述了高技术公司思科的协同共享，指出"思科为了促进公司科研知识和信息的协同共享，建立了全球协作能力框架，包括外部协作、应用协作、文件共享、知识管理、实时信息、视频会议、语音服务等。比如研发人员的一个思路，可以通过信息手段及时发布，让相关人员及时看到，并提出完善建议"。刘润达[6]指出，不同的资源类型有不同的共享措施，在科技计划项目产生的科技资源中，将国家科技计划项目产生的知识产权精确授予个人，实质上国家科技计划项目是由国家、项目承担单位和科研人员合作完成的，其知识产权的归属应由三方共同享有。国家保留知识产权无偿使用和开发的权利，项目承担单位享有知识产权的物质利益，科研人员则享有知识产权的精神权利。李海峰等[7]指出，科技项目管理是对科技项目整个生命周期进行管理，在这期间蕴含并产生了大量的知识。科技项目管理中的知识分为科技成果性知识、经验技巧性知识和过程方法性知识3类，这

2 科技计划项目元数据框架的内涵、特征及功能

3类知识在共享的过程中相互联系，相互转化。

借鉴已有概念，科技计划项目资源共享是指不同层次、不同科技计划部门及公众间，科技信息和科技信息产品的交流与再用，其目的是促进科技资源优化配置，提升科技计划项目治理水平，保障科技知识共享和支持科技协同创新。

（3）元数据

元数据概念最早是由 Myers 在 1960 年提出，其英文含义为"structured data about data"，元数据也被称为是关于数据内容、质量、条件和其他描述数据特征的结构化数据。

在不同特定环境下尽管对元数据有很多更精确的定义，"data about data"的元数据定义流传最为广泛。

借鉴已有概念，在科技计划项目管理背景下，元数据可定义为描述科技计划项目背景、内容、结构、成果及其整个管理过程的结构化或半结构化信息。科技计划项目元数据研究主要运用信息资源管理和元数据相关理论和方法，在科技计划项目规划申报、评审立项、研究开发、总结应用等科技计划活动全过程中形成、捕获或系统自动生成的元数据，用以确保科技计划项目产生的信息资源在同领域内或跨领域间形成、登记、分类、利用、保管和处置。科技计划项目元数据类型包括反映相关主体的特定思想和特定活动的各类描述性、结构性、管理性和技术性元数据等。

（4）元数据框架

张英杰等[8]认为，元数据框架规范了设计特定资源的元数据标准时需遵循的规则和方法，它是抽象化的元数据，从更高层次上规定了元数据的功能、数据结构、格式设计、方法语义、语法规则等多方面的内容。一个健全完整的元数据框架应该包含以下5个特点：①可整合；②可扩展；③健壮性；④可定制；⑤开放性。元数据框架研究主要包括框架创建研究、框架的组成部分和结构研究、框架的信息模型研究、元数据管理研究等。Chen 等[9]认为，数字图书馆元数据框架最重要的是确定内容属性、用户需求、项目目标及原则、程序等。ISO/TR 23081-3[10]在 4.2.1 小节元数据框架中，规定元数据框架组成部分包括元数据战略、政策和原则，已有元数据集编码、元数据结构（包括 SCHEMAS 和编码体

系）、元数据系统设计原则等。

在国外元数据研究和实践中，与元数据框架概念相关的概念包括元数据schema、元数据scheme、元数据应用纲要（application profile，AP）等，这些概念表示了随着人们对元数据的理解和应用的加深，人们对元数据在不同认识层的抽象描述。以下对这些概念的特征及相互关系进行简单梳理。

元数据应用纲要是元数据在具体领域中的应用纲要，不同的研究和应用领域可编制具体的应用纲要。元数据schema是元数据应用纲要的核心组成部分，早期的元数据schema即元数据应用纲要。

借鉴相关概念，本研究对科技计划项目元数据框架定义如下：运用复杂系统理论、信息资源管理和元数据相关理论，为跨系统、跨平台和跨组织的科技计划项目元数据资源共享而确定的元数据构建原则和方法，其目的是为元数据模块化、优化、自动化再用及基于互操作的协同创新而提供的方法论；并从宏观层次规范元数据功能、数据结构、格式、语义、语法等内容，从微观层次为元数据的定义、描述、发布和维护等组成部分提供连贯一致的指南。元数据框架研究主要包括框架创建研究、框架的组成部分和结构研究、框架的评估和维护研究、框架的系统应用研究等。

2.1.2　科技计划项目元数据框架的特征

与其他领域的元数据框架相比，科技计划项目元数据框架具有以下特征。

（1）科技计划项目元数据框架将元数据作为一种重要科技信息资源进行描述和组织。科技资源的关键要素包括科技物理资源、科技人力资源、科技财力资源及科技信息资源等。科技资源在跨组织共享、科技资源配置、科技管理中的作用越来越被科技管理部门重视，在学术领域得到广泛研究。科技计划项目元数据作为描述科技资源的信息，本身也是科技资源的一部分，甚至具有科技资产特征，其内容的描述性、形式的结构化、与科技资源一起流动和交换等特征，使其在科技资源跨组织共享和创新中发挥技术支撑作用。

（2）科技计划项目元数据框架以资源共享作为需求出发点和应用目的。科技信息共享是为了促进信息资源的再利用，以实现投入—产出的最大化。在经济科技全球化的影响下，科技资源在全球范围内进行流动、整合和共享，使科技资源共享的环境发生了很大变化。共享需求是当前技术环境下科技计划项目发展的内在需求，另外，当前 E-Science 正经历数据及其生成、派生数据的爆炸性增长，对这些数据的获取、编目及再利用显得尤为重要，而科技计划项目再利用的关键是对描述数据的元数据进行有序化、整理和编目。

（3）科技计划项目元数据框架既要有定性分析研究，也要有实践可操作性研究。科技计划项目元数据框架需要从框架层面开展定性化分析研究，如从实践层面，有基于机构视角的地理领域元数据框架，有基于社会构建方法的用户语义元数据概念框架，还有借鉴考古法的文件元数据框架等。此外，元数据构建方法及研究目的对元数据框架的概念模型有很大的影响，面向共享的科技计划项目元数据框架在实践层面，必须结合科技计划项目相关管理文件、程序、产生信息和管理系统等，对具体的某类具体科技计划项目开展工作流程分析、结构化梳理，在科技计划项目元数据框架下构建特征科技计划项目元数据方案，确保研究框架的可操作性。

2.2 科技计划项目元数据框架的内涵、功能与特点

2.2.1 科技计划项目元数据框架的内涵

元数据框架一般包含功能需求、领域模型、描述集、编码语法指南等组成部分，科技计划项目元数据框架构建过程中涉及元数据项、责任者、业务活动、政策法规等多种实体，相互之间有各种关联关系，是一个复杂系统。

2.2.1.1 语义网环境中的科技计划项目元数据框架

从元数据历史发展看，Sicilia[11]认为，20世纪90年代人们用"元数据格式"（metadata format）或"元数据模型"（metadata model）来表示带有属性、显示和定义的标准化元数据集。而当这些元数据集在语义网环境下以 RDF/XML Schema 形式化表示后，我们开始称这些模型或元数据集为"方案"（schema）。DCMI Glossary[12]将元数据方案定义为"系统的、顺序化的元数据元素和术语"。语义网环境下，元数据方案是为实现机器语义理解的、定义元数据结构和语法规则的元数据规范。

从元数据框架组成看，都柏林核心元数据 DC 的15个核心元数据是为了简洁、通用而设置的。但是，在语义网环境下，简单结构化的 DC 元数据要实现互操作、资源发现等目标是远远不够的。例如，尽管 DC 元数据在网络数字资源描述和检索方面成效巨大，但在科研资源描述方面则因为简单而具有描述性属性不够的缺点。如美国 NSF 资助的国家科学数字图书馆 NSDL 最初发展阶段，收藏捐助者按要求提供每件藏品的 DC 核心元数据，并通过 OAI-PMH 进行收割。但数据发展到一定规模后，DC 核心元数据的不够丰富的固有弱点就显现了出来。尽管 DC 核心元数据和 OAI-PMH 都力求简洁，但由于不同学科在粒度和对象类型的元数据方面变化很大，元数据质量也很不一致，若想通过 DC 保持一致也具有很大难度。当捐助者被要求将创建的元数据映射到 DC 时，很多有价值的信息存在丢失的情况，导致信息检索结果很不理想。基于这些实践中的问题，DC 维护机构 DCMI 通过制定扩展元数据等方式来尽可能多地描述不同属性，并致力 DC 元数据的应用研究。2007年 DCMI 制定了为了实现最大化互操作和最大可用性的 DC 新加坡框架[13]，其应用纲要如表 2-1 所示。除表中的组成部分外，应用框架还与为实现领域内广泛使用的领域标准及实现程序语义互操作的 RDF（资源描述框架）相关联。

2 科技计划项目元数据框架的内涵、特征及功能

表 2-1 DC 新加坡框架应用纲要

组成部分	必备/可选	内容
功能要求	必备	描述支持应用纲要及范围外的功能，用于实现内部一致及提供给指定用途的应用指南
领域模型	必备	描述应用纲要的基本实体及它们之间的基本关系，可用文本或 UML 等方式显示领域模型
描述集	必备	定义了元数据记录集，是应用纲要的有效实例。DC 描述集模型提供了建立在 DCMI 抽象模型基础上的 DC 核心元数据的简单受控语言
使用指南	可选	描述对应用纲要的使用及如何在特定环境中使用相关属性
编码语法指南	可选	描述关于应用规定的特定语法或句法指南

采用 DC 新加坡框架构建语义网信息环境中的科研元数据框架，已有成功的案例。如 Ball[14]将科学元数据分为地理空间/环境、生物、社会科学和人文、结构科学、一般研究 5 个领域的元数据，并将这 5 个科学领域的代表性元数据模型与 DC 建立关联，如将地理信息领域的 Directory Interchange Format、UK AGMAP 和 MOLES 与 DC 相关联；生物科学领域的 Darwin Core 通过 Dryad 与 DC 联系；一般科学领域的 Edinburgh DataShare、DataCite 及 Southampton DataShare 等都采用 DC 框架。CSMD（core scientific metadata model）[15]是英国科学技术设备委员会制定的核心科学元数据模型。作为一个捕获关于实验、仪器、样本和研究原始数据与析出数据的元数据模型标准，CSMD 借鉴 DC 新加坡框架制定了具有层次结构的元数据标准及 CSMD 指南，描述 CSMD 在 ICAT3（一种数据管理基础软件）中使用的数据字典等。

科技计划项目元数据框架也可借鉴表 2-1 所示的 DC 新加坡框架应用纲要，形成如图 2-1 所示的框架。

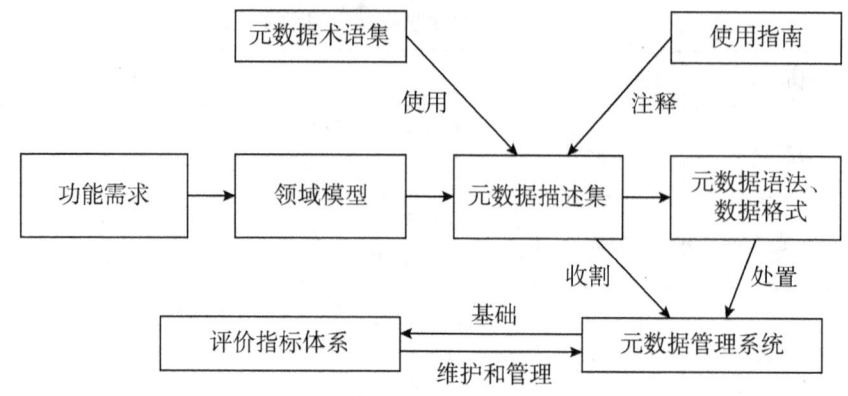

图 2-1 语义网环境中的科技计划项目元数据框架

图 2-1 只是初步描述了科技计划项目元数据框架的组成部分,需要在此基础上,进一步分析科技计划项目信息生命周期中的功能要求、领域模型、元数据标准集,以及相应的使用指南、语法语义规则等。

2.2.1.2 基于生命周期的科技计划项目元数据框架

Evans 等认为[16],元数据生命周期模型是揭示元数据技术层面的资源库及共享服务相互关系而构建的概念模型,模型应涵盖元数据效果、元数据质量及工作流,模型不仅应包括资源库本身的相互关系,还应包含存储对象及其元数据的生命周期描述。Otto 等认为[17],元数据生命周期模式是系统描述元数据工作过程的模型,具有需求评估和内容分析、系统要求、元数据系统和元数据服务及评价 4 个阶段,每个阶段包含若干元数据相关活动或事件。图 2-2 是刘春燕等[18]构建的科技信息资源元数据生命周期模型。该模型以科技信息资源元数据的"预处理、生产、传播、后处理"4 个逻辑阶段为主线,每个管理步骤包含了若干科技资源元数据相关事件,这些事件系统性描述了科技信息资源元数据的运动和管理过程,从多角度揭示了科技信息资源元数据自身运动规律及与其相关的责任者流、业务流之间的互动关系,并对图 2-2 中的预处理阶段、生产阶段、传播阶段和后处理阶段的定义及活动内容等进行了详细论述。

2 科技计划项目元数据框架的内涵、特征及功能

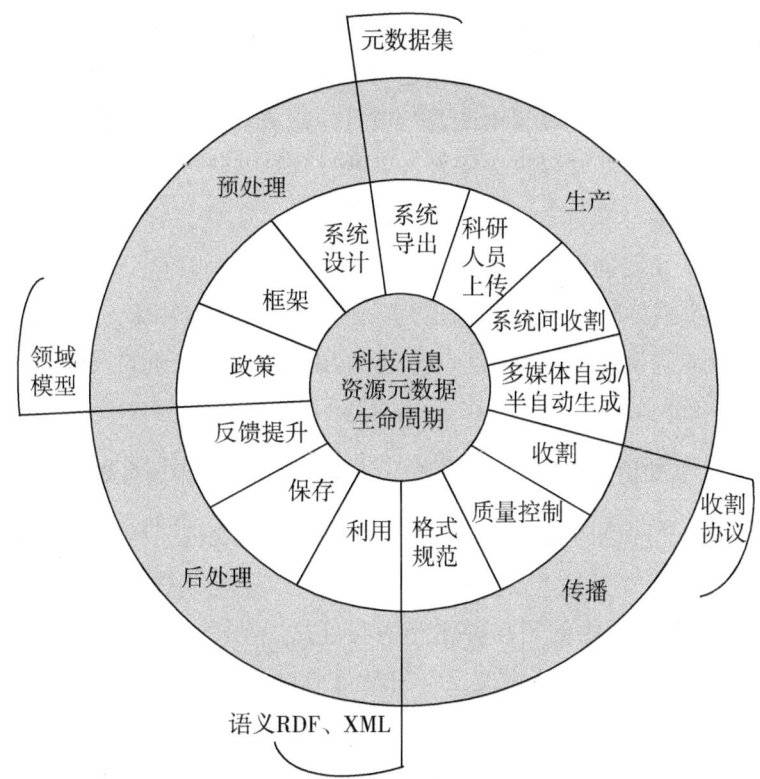

图 2-2 科技信息资源元数据生命周期模型

2.2.2 科技计划项目元数据框架的功能

2.2.2.1 从信息系统理论视角看，科技计划项目元数据框架具有信息技术产品功能

元数据框架从更高层次规定了元数据的功能。元数据作为信息产品，通过与信息系统融合，辅助提升给定系统的功能，体现和产生其价值，如减少错误、提高活动效率等。但是，元数据作为信息技术产品，其资产价值很难加以评价，因为在创建过程中，为某一目的而创建的元数据可能在将来使用时实现的是另一目的。科技计划项目元数据框架其资产价值可从如下 4 个方面考虑：①从功能描述角度看，科技计划项目元数据框架有助于支持科技计划项目数据发现，促进数据获取，理解和

17

利用计划项目过程中产生的人工读取数据,实现科技计划管理过程分析和评价。②从利益相关方权益描述角度看,科技计划项目元数据框架帮助实现项目管理者、项目申请者、项目使用者等责任者的权利及义务的度量及评估。③从互操作角度看,科技计划项目元数据框架中的各层级元数据在应用时具有不同程度的互操作特性。④从目标用户角度看,科技计划项目元数据框架用户既包括一般用户(如向社会公众无偿提供科技报告摘要浏览服务的国家科技报告服务系统 http://www.nstrs.cn/),也包括需要内部使用的限制用户(如需要用户注册和登录的国家科技计划申报中心 http://program.most.gov.cn/)。

2.2.2.2 从知识管理视角看,科技计划项目元数据框架具有知识产品属性

科技计划项目元数据框架描述了科技计划项目元数据的层级和结构,元数据作为"关于数据的数据",也可以说是"描述其他显性知识项的显性知识"。因此,在科技计划项目知识的社会化、组合、外化、国际化等方面,具有特定意义。科技计划项目元数据知识价值可从以下3个方面进行考虑:①从科技信息角度看,科技计划项目元数据框架作为一种科技信息具有创建知识的潜力。如科技计划项目资源级元数据提供了科技资源二次文献的结构、显示格式和层级,中介机构可根据科技计划项目元数据构建科技资源二次文献,并进行商业活动。②从共享角度看,科技计划项目元数据框架提供存储个人和机构科研活动记忆的方法和手段,形成知识仓库,并提供相关产品和内容服务。如美国四大套科技报告根据科技报告元数据形成辑要页,并用于科技报告数据库的信息检索和知识链接。③从决策角度看,科技计划项目元数据框架作为决策知识的重要基础设施,辅助提供决策支持的各种定量化指标。如通过题名、摘要元数据开展的相似度分析,可以杜绝科技计划项目低水平重复。

2 科技计划项目元数据框架的内涵、特征及功能

2.2.3 科技计划项目元数据框架的特点

2.2.3.1 从科学研究视角看,科技计划项目涉及的科学资源元数据具有多学科、复杂性等特征

从来源角度看,科学资源可以分为观察数据、计算机数据、实验数据等不同的类型,根据这种类型划分可将数据定位为可再生和不可再生资源,进而实现分类保存和管理。类型实例如下:①观察数据,如某天对海洋温度的直接观察数据,或在选举前选民的态度等不能再次进行收集的观察数据,这些观察数据通常是不定期存储。②计算机数据,如计算机模型或模拟产生的结果,如有关于模型的详细信息(软硬件描述、输入数据等),则不必保存所有的数据,因为数据是可以再生产的。这种情况下,模型的输出结果并不是很重要,但模型本身和详细元数据集是最重要的。③实验数据,如化学反应、工学实验等,理论来说,如能再次重现的实验数据不需要完全保存。但实际上不可能在实验条件相同下得到完全一致的重现数据,特别是在某些实验变量未知的情况下,因此,长期保存这些数据是很有必要的。另外,与实验相关联的元数据,如实验申请号及实验团队成员等也需要保留。其他重要实验元数据,如测试开始和截止日期、仪器状态和操作条件、数据获取元数据(如测试框架数或实验操作数)等也需要保存,很多实验元数据不仅对直接分析过程很重要,而且也支持结果的长期分析。科学资源元数据的质量和完整性直接影响分析过程的准确性和质量。同时,保存关于内容、结构、关联环境和来源相关的科学资源元数据对于其他感兴趣的研究者利用数据也有重要作用。

从研究活动产生的资源类型角度看,科学资源元数据包括科学数据、科学可视化、科学工作流、科研过程、成果等方面的元数据。其中科学数据及成果元数据在标准、模式、系统等方面已比较成熟,如GenBank、DDBJ、Datastar等;而其他类型的科学资源,如JoVE实验视频期刊、myExperiment工作流、Open Notebook Science等科学研究记录工具等的元数据描述则比较简单,缺乏结构化、语义化的组织管理机制。

2.2.3.2 从科研环境视角看，数字科研环境下科技计划项目元数据具有系统性、网络化、社会化等特征

以数据共享、语义网、社会网络等为特征的数字科研环境改变了科研范式和研究人员的思维习惯，当前的科研管理也从传统项目管理转向政策和技术方面的数据管理、过程管理和体系管理。新的分析技术、获取技术和组织管理正以创新方式利用科技计划项目产生的数字资源。然而首先，正如马雨萌等[19]认为，目前一些仓储平台的数字保存政策要求提交资源情景和源流信息的描述文档，然而元数据模式大多仅提供不同类型科研资源的基本描述信息，揭示符合该类科研资源特征的产出过程的情境、源流信息则较少，即科研项目元数据不仅包括描述资源内容的元数据，还应包括产出过程等元数据。其次，在数字科研环境下，有时候新的分析工具能提供比数据收集完成时更好的和更有效的分析，通常分析不仅仅依赖于读出数据或计算机生成数据，也依赖于描述环境和读出设备特征的元数据，即科研成果利用元数据应包括分析工具相关的元数据。最后，科研人员已利用Twitter、Facebook等作为科研合作和资源共享的新方式。如支持生物科学和工程领域开放研究、教育、出版的社交平台OpenWetWare，使用博客和维基等使科学过程透明化的UsefulChem等。

2.2.3.3 从资源配置视角看，科技计划项目元数据具有多主体、互操作等特征

当前各国尤其是我国，科技计划项目存在多部门、多层级、多系统等特征，对科技计划项目的计划规划、项目申请、过程管理、项目成果、项目应用等阶段应用科技计划项目元数据进行规范化信息描述，有助于各个科技计划项目信息系统在网络环境下，通过元数据共享和互操作，有效地交流管理政策与机制，促进不同科技计划项目信息系统间的信息交换。同时，帮助第三方或用户共享不同科技计划项目系统的信息资源，用户可以通过嵌入系统的管理元数据来选择符合自己的服务。

3 国内外科技计划项目元数据框架相关研究述评

本研究以 Emerald、EBSCO、ProQuset、Web of Science 和维普期刊数据库为检索对象,以"元数据+框架 or 科技计划项目 or 科技资源共享 or 科技资源配置"为中文主要检索策略,以"metadata framework or scientific data reuse or scientific metadata or fund data sharing metadata"为英文主要检索策略,检索题名和主题字段,对获得的文献进行相关性筛选后,得到100余篇中英文相关文献。以下是对这些文献中的代表性观点的梳理。

3.1 科技计划项目管理中的信息资源管理

3.1.1 科技资源观及元数据资源观

正如对信息资源有狭义和广义的理解一样,人们对科技信息资源也有不同的理解。广义的科技信息资源是指人类科学技术活动过程中积累起来的信息、信息生产者、信息系统等信息生产要素的集合,是科技资源的重要组成部分。狭义的科技信息资源[20]是人类社会科技活动中所产生的基本科学技术数据、资料,以及面向不同需求加工整理形成的各种科学技术产品和各种载体的科技图书、期刊、报告、论文、专利等科技文献。近年来,人们对科技信息资源的研究已从对科技文献资源和专利资源等静态研究向共享、配置、管理等动态研究转化,研究对象和研究范围呈现多元化特征。例如,苏靖等[21]指出,科技资源是人类从事科技活动所需要的物质与信息资源，是促进科技进步与创新的基础，是国家重要的战略资源。科技资源包括大型科学仪器、自然科技资源、科学数据、科技报告等。

孙凯[22]指出，科技资源包括科技人力、科技财力、科技物力和科技信息等资源。科技物力资源是由科学研究的实验（试验）仪器设备和自然科技资源组成，具有竞争性但无排他性，属于共有资源，通过政府的协同既能解决"公地的悲剧"问题，同时能防止公有资源蜕变为私人物品，可以有条件地实现共享；科技信息资源具有非排他性和非竞争性，是典型的公共产品，因此共享的潜力较大。

赵辉等[23]指出，科技资源是一切科技活动的核心要素，科技资源既包括大型仪器设备、用于科学研究的自然资源等物理资源，也包括科技文献、科学数据等在内的信息资源。我国的科技资源共享机构主要分为资源单位和资源服务单位，并在资源基础理论（企业的竞争优势来源于特殊的异质资源，企业发展的根本动力在于利用异质资源和能力获取超额的利润）的基础上，提出了促进科技资源共享组织发展的对策建议。

元数据是"关于数据的数据"，元数据在英文中的单词是 metadata，"meta"来自希腊文，是有序、规范的意思。早期的书写形式有"meta data""meta-data"，后期统一为"metadata"。磁盘标签、图书卡片、歌曲目录等传统意义上的概念都可看作元数据。因此元数据思想早在信息技术产生之前就已存在。如果说图书馆目录是元数据，那么数据就是图书馆里的图书。从人类开始对生产的知识和信息进行分类、分析和管理时起，元数据一直扮演关键的角色。"元数据"概念最早出现于 1968 年的计算机/信息科学领域，最早的元数据主要是实现数据的有用性，而不关注数据的内容和结构。而在互联网时代，对元数据的利用最早是从地理信息系统（GIS）开始的，20 世纪 90 年代空间地理信息领域应用元数据来实现地理数据的有效再利用。在图书馆领域，元数据通常被认为能帮助实现数据产品的发现和获取，标示数据的起源和实现数据的管理。在数字时代来临前，图书馆已采用 MARC 来实现数据的发现和管理；早期的数字图书馆服务框架（MOA2）将元数据分为描述型、结构型和管理型

3类。表3-1是不同时期专家及机构从不同视角对元数据概念进行的各种诠释。

表3-1 不同视角下的元数据概念

作者	定义	视角	时间
NASA，Directory of Interchange Format Manual	元数据是关于数据的数据	数据特征	1998年
Weibel等	简单来说，元数据就是关于数据的数据，或是描述对象内容特征的记录		1995年
Daniel和Lagoze	元数据与数据间没有明显的差别		1997年
Lagoze等	元数据和数据具有相似的功能和特征		1996年
Dempsey等	描述资源特性的数据	来源及运动特征	1997年
Berners-Lee	文献的元数据可嵌入文献里，或以单独文档的形式存在，或随文献的运动而转移		1997年
Ya-ning Chen	传统的图书馆著录信息与元数据有3点区别：一是传统著录信息是由图书馆员创建的，用于描述图书馆馆藏的信息，而元数据是由作者自己创建的；二是书目信息主要是图书馆馆藏信息，而元数据主要针对电子资源；三是著录范围通常限定在特定馆藏，而元数据是分布式网络环境	工作流程特征	2000年
ISO 15489-1：2001	描述文件的背景、内容、结构及其管理过程的数据	内容、结构和特征及其管理过程	2001年
Bethesda M D	元数据是用于描述、解释、定位或检索、使用、管理其他资源的结构化信息		2004年
Scott Jensen	E-Science中的元数据是关于相关文件或数据库的语义信息	描述对象特征	2010年
John Horodyski[24]	元数据是其自身的一种"资产"，而且是很重要的一类。它提供了使你的资产更易获取的结构化信息，使其成为"智能"资产	资产特征	2011年

面向共享的科技计划项目元数据框架

综上所述,科技资源的关键要素主要包括科技物理资源、科技人力资源、科技财力资源、科技信息资源。科技资源在跨组织共享、科技资源配置、科技管理中的作用越来越被重视和研究。科技计划项目元数据作为描述科技资源的信息,本身也是科技资源的一部分,甚至具有科技资产特征,其内容的描述性、形式的结构化、与科技资源一起流动和交换等特征,应当也可以在科技资源跨组织共享和创新中发挥核心作用。

3.1.2 我国科技资源共享研究

科技资源共享是科技资源优化配置的重要方式和科技管理的重要内容,《国家中长期科学和技术发展规划纲要(2006—2020年)》指出,我国现行科技体制与社会主义市场经济体制及经济、科技大发展的要求,还存在着诸多不相适应之处。一是企业尚未真正成为技术创新的主体,自主创新能力不强。二是各方面科技力量自成体系、分散重复,整体运行效率不高,社会公益领域科技创新能力尤其薄弱。三是科技宏观管理各自为政,科技资源配置方式、评价制度等不能适应科技发展新形势和政府职能转变的要求。

丁厚德[25]指出,从20世纪末以来,以"工程"(如211、985、知识创新)切割配置科技资源,数额大,自成系统,但内容上相互交叉,与国家计划交叉,项目设立重复;同一个国家计划不在一个部门管理,要切块分割管理。以"工程中心"为例,两个国家级的部门,建立了200多个"中心"(工程技术研究中心140个,工程研究中心79个),其实两个"工程中心"的功能基本相同。科技资源配置形成一种不好的项目管理现象,以项目为轴心配置资源,重资源配置的初始投入,忽视资源配置的过程管理和综合效果,职能部门忙于启动,疏于监督管理。

王蓉等[26]认为,社会化公共服务模式是中国科技资源共享的内生需要,目前科技平台功能薄弱、平台建设重复分散和封闭的现状要求科技资源共享的社会化公共服务模式应从现阶段不同部门、区域、行业搭建资源整合平台,转移到以整合平台为重点并形成全国集约化平台的思路上来。

在科技资源共享模式方面,当前我国的研究主要包括宏观层面和结合资源类型两种视角。如李纪珍等[27]分析了"北京模式",即建立"研发实验服务基地—领域平台—工作站"三位一体的工作体系,形成以资源单位为核心,以中介服务为纽带,组建产业链的服务联盟,为企业创新提供一站式服务。宋玉厚等[28]提出基于ERP管理模式的高校大型仪器设备开放共享平台体系,即在充分整合大型仪器设备资源的基础上,利用校园网络资源和先进的网络技术,搭建大型仪器设备开放共享信息平台。

在科技资源共享实现工具和方法方面,姬有印[29]分析了基于SOA框架的ESB软件架构的山西省科技资源共享服务平台。朱兴国等[30]结合元数据技术和服务技术提出了一种数据共享的解决方案,并对数据封装器、元数据抽取器、发现类元数据等关键技术进行了研究。

综上所述,我国科技资源共享研究视角主要为公共政策研究,主要以定性研究为主,缺乏定量的分析。研究深度主要停留在对已有现象的分析和解释上,缺乏深度分析,缺乏对实践案例的系统研究和模式提炼,缺乏跨组织、跨平台的共享实施技术方案,缺少以元数据为工具的网络科技信息资源共享研究。

3.2 科技资源共享机制的研究

3.2.1 当前科技资源共享所处的环境

在经济全球化的影响下,科技资源在全球范围内进行流动、整合和共享,使科技资源共享的环境发生了很大变化。当代科学技术面临的复杂性和人类面临的气候、环境等全球性挑战,迫切需要加强科技资源的共享和合作。

温家宝总理[31]在2011年5月中国科协第八次全国代表大会上指出,欧美等国家都有系统的科技报告制度,把国家支持的科研活动产生的资料,包括研究目的、方法、过程、技术内容、中间数据以至经验教训,尽可能向公众开放共享。张爱霞等[32]指出，随着科研体制改革和科技创新体系的建设，科技决策、科研管理、科研创新等活动对项目文件资源的需求日益强烈。

Jensen[33]指出，一方面，当前E-Science正经历数据及由其生成、派生的数据的爆炸性增长，人们越来越关注对这些数据的获取和编目及更为重要的重用问题。科学数据重用的关键是对描述数据的元数据进行整理和编目。另一方面，提供研究基金的组织已认识到如果数据没有保存好，会引起潜在性科学损失，因此要求研究者提供数据显示、保存的信息以便于重用。

3.2.2 科技资源共享机制研究

科技资源共享是为了促进科技资源的再利用，以实现投入—产出的最大化。韦青松[34]指出，科技资源共享包括物理资源共享（大型仪器、设备）、信息资源共享（科技报告、科学数据）、科技人才的流动与共享。目前，学术界有关科技资源研究的侧重点主要集中在物理资源和信息资源的共享方面，而对于人才资源的流动与共享问题，只有少数专家学者涉足。

3.2.2.1 实物科技资源共享机制

实物科技资源包括大型仪器设施、实验动物、农业标本、医学资源等科技资源。为提高仪器设施使用率，很多国家都制定了科研仪器设施共享政策。如美国《联邦采购法》要求保证项目承担方占有的科研仪器设备能最大限度地在联邦部门内部再利用。同时，美国对政府投资的仪器设施按行业或学科分类在网站上予以公布，以方便科技人员使用。在共享流程上，由科学家提出申请，由专家审议，并根据科学业绩、设施对申请研究项目的适用性、申请时间及设施可用时间来决定。在收费办法上，通常对学术研究目的的科研活动免费；对有营利目的的科研活动，申请使用者不仅需承担自己的全部费用，还需要缴纳一定数量的设施使用费。

国外实验动物、农业标本、医学资源等科技资源通常采取政府经费支持、行业协会管理、专业机构承建的方式，建立专业化的资源保藏中心进行长期保存并提供共享服务。例如，美国在杰克逊实验室（The Jackson Laboratory）和美国国立卫生研究院（NIH）建立了两个实验动物保种中心，目前世界各国的实验动物原种基本上来自这两个保种机构。美国内务部国家公园服务局生物资源处负责国家科学中心的动物和昆虫群体及标本保存。英国建有国家微生物及各种培养物的保藏机构，由微生物、淡水藻类和原生动物、致病病毒、致病真菌等10个培养物保藏中心组成。

3.2.2.2 科技报告共享机制

科技报告是不公开发行的灰色文献，属于政府出版物的范畴（政府出版物是指政府经费支持的或法律要求的，以单行本发行的文献）。科技报告以积累、传播和交流为目的，在知识存量的基础上实现集成创新和原始创新，是知识经济时代公共信息再利用的重要方面。

美国是科技报告建设最完备的国家，美国政府促进科技报告共享和再利用的主要手段包括：①通过宏观的信息政策和法规进行指导，如1966年颁布的《信息自由法》采取豁免制原则规定了公众享有申请公开和使用的政府信息类型，科技报告应列入其中。1995年的《文书消减法》规定了美国行政管理和预算局（OMB）在政府信息资源管理中的领导地位，要求联邦机构以高效而经济的方式分发公共信息。《OMB Circular A—130通告》确定了政府信息资源增值开发的方式。②《美国法典》指定国家技术信息服务局（NTIS）为统一的科技报告传播、开放共享中心。1991年《美国技术卓越法案》规定NTIS的职责是帮助美国商务部提供促进创新和发现的信息，并通过以下手段促进美国改革和经济发展：a.收集、分类、整合、集成、记录和编目任何可获取的国际国内科技信息；b.向公众传播；c.向其他联邦政府机构提供信息管理服务。根据15 U.S.C. 3704b-2"联邦科技信息转让"的规定，每个联邦执行部门或机构应及时向NTIS转让联邦资金支持而产生的非保密科学、技术和工程信息，并向私营部门、学术机构、州及地方政府、联邦政府开放。只有适合公共传播的信息才适合这种信息转让，这些信息包括技术报告和信息、计算机软件、应用评估及培训技术信息。

当前我国正在建立国家科技报告制度,目前正在开展政策法规体系(发布《国家科技计划科技报告管理办法》)、标准规范体系(编写、编号、保密等级代码与标识、元数据等技术标准)、组织管理体系(国家、部门/地方、基层科研单位三级管理)等全方位研究和实践。

3.2.2.3 科学数据共享机制

科学数据作为政府投资产生的无形资产,英国、美国等国家通过颁布《信息自由法》或同等效力的政府信息共享法,以及部门层面的科学数据共享政策法规,对科学数据的长期保存和开放共享提出明确要求。

美国对科学数据的管理和使用采取了3种分类管理机制。对于政府拥有、产生和政府资助产生的数据,有可能危及国家安全、有可能影响政府政务或涉及个人隐私的数据纳入保密机制管理,否则纳入"完全与开放"的共享管理机制中。对于私营公司投资产生的数据则纳入"平等竞争"的市场化共享管理机制中。同时将建设全社会科学数据和信息共享环境作为国家的主要战略任务,如NASA使用政府投资建立了9个数据中心,美国国家科学基金会正在倡议建立一套全国数字化数据网络集成体系与框架,建设五大研究数据网络。

在我国,2010年科技部启动了国家科技计划执行过程中形成的科技资源向国家科技平台进行汇交的工作,其共享和再利用模式为通过"汇交与共享系统"进行科技资源汇交,汇交的文献类资源包括描述性信息(元数据)和全文,其他资源仅为描述性信息,汇交资源分级分类存储和管理。从相关平台上可以看出,在服务方面开展了基于描述性信息的信息检索服务,文献类全文资源未开放服务,其他类实体资源需要用户与拥有单位联系洽商,授权使用。

与美国等科技发达国家一样,我国对科技信息资源的共享研究主要集中在科学数据、自然科学资源、大型仪器、科技文献等领域,并从理论[35]、方法[36]、机制[37]、模式[38]等方面进行了研究和探讨。但是,当前还缺乏从科技政策、计划管理、过程管理、科技信息资源生产、加工整理、获取等各个阶段进行共享研究,科技信息资源共享的运行机制和共享平台还侧重于文献信息资源管理模式，科技信息资源共享的相关主体的积极性未能有效调动起来。

3.3 元数据相关研究概述

3.3.1 元数据构建方法研究

元数据构建方法的选择是元数据理论框架的重要基础，元数据具有描述性和数据性两种特征，因此其创建就有以人为中心和以机器为中心两种技术路线（表3-2）。以人为中心的创建方法如Alemu等[39]提出的3种元数据创建和管理的方法：基于标准的元数据方法（编码方案、置标语言、元数据方案、受控词表、数据转换协议、字符编码方案等信息领域的标准具有共性特征）、基于协作的元数据方法（融合机器、作者、用户、图书馆员生成的元数据）和混合式元数据方法（多级分类系统如DDC和协作系统如tagging标注系统，可以通过大众分类folksonomy和本体ontology等进行集成利用），并在此基础上提出了元数据的社会构建方法。

Gilliland[40]在借鉴法国哲学家Michel Foucault提出的考古学方法基础上，提出了元数据的考古法，即在审查文件连续体中，建立描述文件或文件集合中的文档、活动、过程、机构、主题、指示或意识形态等个体和离散信息的元数据。

以机器为中心的元数据创建方法包括基于本体和XML等数字分析方法及系统分析等方法。在数据库领域，元数据的自动提取技术包括基于规则模板的元数据提取技术和基于统计的元数据提取技术[41]。兰天等[42]将元数据与本体结合，研究了基于本体的海军军械保障元数据模型构建方法，该方法可用于组织、编辑和查询海军军械保障领域的元数据信息。刘海学[43]提出了一种基于语义标注构建元数据的方法，利用数据集中已有的语义标注信息自动构建生成元数据。

表 3-2 元数据构建方法

名称	内容	提出作者	主要特征
专家控制法（expert controlled approach）	在图书馆领域，专家通过讨论规范的元数据标准，使其适应不同的文化、语义和地域环境，后期融入用户驱动和社会媒介技术	West，Shirky，Weinberger	缺少理论性和概念性元数据框架，在元数据创建和信息组织中的影响不明显
社会构建方法（social constructivist approach）	采用社会化标签等协同元数据构建方法，以实现元数据的语义互操作	Getaneh Alemu	元数据质量不易控制
元数据考古法	仔细审查文件连续体中，关于描述文件或文件集合中的文档、活动、过程、机构、主题、指示或意识形态等个体和离散信息	Anne J. Gilliland	侧重描述差异性元数据
模板生成法	首先准备一组定义好的实体集，然后扫描目标文档集，从中找出隐含存在的实体的模式，然后用生成的模式去发现新的实体，循环这个过程直到没有发现新的实体或用户中断过程	Brin	模板的生成技术对于整个元数据构建自动化程度影响大，人工辅助建立模板方式中的人为参与因素使最终信息抽取的能力受到很大影响
机器学习法	确定需要抽取的目标元数据的集合，然后构建一个模型来模拟元数据的生成过程。在获得足够多的样集后，训练上面的模型，使这个模型产生的结果尽可能正确	李季	需要通过样例的学习来提高元数据的准确性，缺乏通用的模型构造方法
语义标注法	利用数据集中已有的语义标注信息自动构建生成元数据	刘海学	语义标注信息具有主观认知上的差异性，具有语义异构性

综上所述，国际元数据创建方法研究重视"元数据生态环境"，侧重于以人为中心，强调系统性、生态性，注重社会研究方法的应用；国内元数据创建研究侧重于以机器为中心的研究，主要借助信息技术和信息系统构建方法，缺乏社会科学、人文科学、经济学等视角研究，元数据的构建缺乏严密的理论体系的指导，主要是在作者对应用领域知识理解的基础上构建，缺乏用户参与主导。

3.3.2 元数据标准化研究

元数据具有标准性和规范性，元数据标准化方面的研究主要包括元数据分类、元数据显示、元数据互操作、元数据语义应用等方面。如Malaxa等[44]指出元数据标准化工具包括灵活的元数据schema、元数据schema显示、元数据模板、协同的元数据编辑器、语境帮助、有效界面。

在元数据分类方面，元数据的分类方法包括以下几种。①分层分类法。例如，Rajasekar等[45]采用分层的方法将科学元数据分为5层：核心层、系统为中心、标准、领域为中心、应用层；Singh等[46]也将元数据分为5层：物理元数据、领域独立元数据、领域特定元数据、虚拟组织元数据和用户元数据。②功能分类法。例如，NDG元数据模型将元数据分为存储、浏览、评论、发现和附加元数据；美国NISO将元数据分为描述性元数据、结构性元数据、管理性元数据；Gilliland[47]按需求功能将元数据分为管理型、描述型、保存型、技术型、使用型5类。③用户分类法。例如，表3-3是从用户角度对地球化学地理资源模型GERM、国家虚拟海洋数据系统NVODS、地球科学置标语言ESML等地理信息元数据进行的分类。

表 3-3 元数据分类示例

用户角度	GERM	NVODS	ESML
描述	编目 应用	语义	内容
评估	应用	语义	内容
获取	应用	语义	内容
用途	应用	语法 句法	结构 语义

在元数据显示格式方面，表 3-4 是对国际标准化组织（ISO）制定的 ISO 19115：2003、美国国家地理空间数据清理中心（FGDC）制定的 FGDC-STD-001-1998、都柏林核心元数据计划（DCMI）制定的（RDFS）标准、OpenGIS 协会制定的 GML 标准、生态元数据语言标准 EML、目录交换格式 DIF、水文社区元数据标准 HYDROML、澳大利亚空间数据框架 ANZLIC、NASA 元数据框架 ADN 等元数据显示格式的描述统计。其中 FGDC 分别有 TEXT（文本）、DTD（文档类型定义）、XSD（XML 结构定义）、OWL（OWL 本体）4 种显示格式，ISO 19115：2003 有 XSD、UML（统一建模语言）和 OWL 3 种显示格式，DCMI 只有 RDFS（资源描述框架）一种显示格式。

表 3-4 元数据显示格式

类别	TEXT	DTD	XSD	UML	RDFS	OWL
ISO			■	■		■
FGDC	■	■	■			■
GML			■	■		
DCMI					■	
EML			■			
DIF	■	■				
HYDROML			■			
ANZLIC	■					
ADN			■			

3 国内外科技计划项目元数据框架相关研究述评

从机器可读性、可扩展性和概念化程度3个方面，可以建立如图3-1所示的元数据显示格式的维度特征。

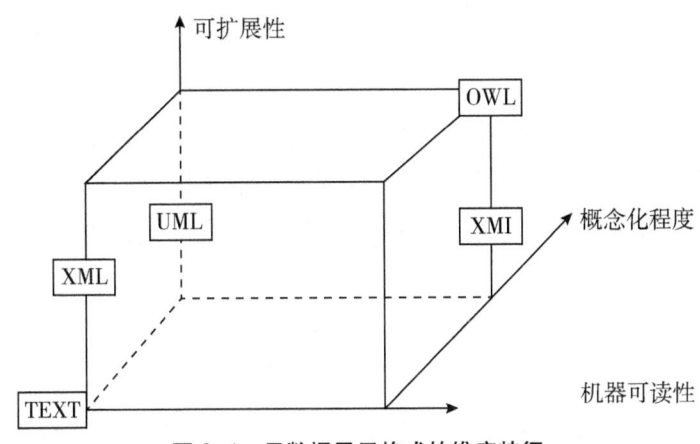

图3-1 元数据显示格式的维度特征

在元数据标准方面，元数据标准一般采用元数据schema来规范元素名称及语义关系。McKemmish等[48]指出，实际上，元数据schema执行起来是中性的，它不设定任何关于其元素与系统融合的技术限定，不假定任何特定的软件结构，不给出何时、何地及如何获取元数据的信息。schema关注的是任何时间、任何地点及任何方式捕获的元数据，都永久性地与文件链接在一起。元数据Schema包括系统表示内容的规则及显示内容的规则，在信息资源管理领域中常见的元数据标准包括：Dublin Core；MARC；MODS；Categories for the Description of Works of Art（CDWA）；VRA Core Categories；Learning Object Metadata（LOM）；Encoded Archival Description（EAD）；Preservation Metadata：Implementation Strategies（PREMIS）；The INDECS Project；Online Information Exchange（ONIX）；The Friend of a Friend（FOAF）；RDF-vCARD；Content Standards for Digital Geospatial Metadata（CSDGM）；MPEG-4 and MPEG-7 for Audio and Video 等。当前元数据标准存在一些共同问题，如术语的非精确性，元数据元素特征的模糊性，标识代码、编码体系等不完整或不正确性。

在元数据互操作方面，张东[49]指出，元数据互操作分为语义层面、描述规则和语法层面3个层次，并认为元数据互操作问题的根本解决有赖于未来语义网本体技术的构建。林海青[50]指出，元数据的互操作是一个比较复杂的过程，在技术层面上有两大技术实现方案，即Z39.50和OAI；在逻辑层面有3个层次，即规范层次、记录层次、存储库层次；元数据的互操作分为4个层面，即元数据内容规则层的互操作、元数据集层、载体层、编码层；并指出元数据互操作经历了从简单的元数据元素的一对一映射到基于元数据语义一致性的本体映射和整合。

3.3.3 元数据及其框架功能与应用研究

元数据是信息资源组织与管理的基础和保障，是信息资源描述、定位、检索的重要工具，当前关于元数据及其框架功能和应用的观点梳理如表3-5所示。

表3-5 元数据及其框架功能和应用的观点梳理

	观点内容	文献来源
元数据功能	描述、发现、定位、选择、导航、评估、服务、管理	孙晓菲（2013）[51]
	发现、评估、使用	Queensland Government（2011）
	定位、发现、记录、评估、选择、其他	Lorcan Dempsey（1996）[52]
	资源发现、组织电子资源、促进互操作、数字化标识、存档与保存	NISO（2004）[53]
元数据应用	描述与发现、组织与管理、保护与保存、建模与执行	孙晓菲（2013）
	获取、检索、管理、导航和使用信息	Queensland Government（2011）
	描述信息资源的内容及特征，记录信息资源的建立、结构、维护等方面的信息，消除数据资源之间的语义独立性和异构性，对网络信息资源进行访问及管理	王霞（2006）[54]
	编目、资源发现、电子商务、内容分级、知识产权管理、隐私管理	陈淑君（2003）[55]

3 国内外科技计划项目元数据框架相关研究述评

在 Proquest 数据库中以"metadata"为关键词,得到 323 篇学位论文。其中应用科学领域最多,其次为通信和艺术领域,社会科学领域也有一些。经过分析得出,元数据在环境科学、生物学、地球科学、管理工程、信息科学、土木工程、医学等领域都有广泛的应用。当前元数据的研究方法主要包括文献调研法、系统工程法、数据分析法、案例分析法、比较分析法等。在理论基础上主要通过元数据相关框架模型的建立、统计学、计算机科学和工具法等来实现对具体研究问题的有效支撑。

3.3.4 元数据框架研究

在元数据框架创建方面,王绍平等[56]借鉴信息系统开发的方法与工具提出了基础管理性元数据框架的构建步骤:①调查分析用户需求;②建立系统数据模型;③根据模型中实体、关系及其属性,构建元数据词典;④确定元数据应用机制。

在元数据框架的组成和结构方面,许君等[57]指出,电子政务元数据框架是规划电子政务信息结构和使用情况的标准化内容。电子政务元数据框架包括电子政务元数据标准、电子政务术语表及电子政务术语表的补充——电子政务数据分类目录。张明宝等[58]指出制造联盟资源计划 MARP 元数据框架是指描述 MARP 中元数据的内容结构的信息模型,强调各类元数据之间的关系。孟昕等[59]指出,对于 MAPGIS 油田数据管理系统,所基于的元数据框架主要包括管理信息、数据标识信息、数据内容摘要、关键词、访问信息、参考信息 6 个方面的内容。Evans 等[60]认为,元数据 schema 规定了元数据语义和结构定义,包括元数据元素名及其结构和含义。McKemmish 等[48]指出,实际上,元数据 schema 执行起来是中性的,它不设定任何关于其元素与系统融合的技术限定,不假定任何特定的软件结构,不给出何时、何地及如何获取元数据的信息。schema 关注的是任何时间、任何地点及任何方式捕获的元数据,都永久性地与文件链接在一起。Mendez[61]认为,广义的元数据 scheme 可认为是元数据内容标准,如编目规则 AACR。元数据 scheme 通过特定方式对对象的元信息进行编码，scheme 也包含术语或词汇，用于描述元数据元素可能具有的值。结构化的 scheme 提供结构信息或解析规则帮助理解元数据值。

在元数据框架的信息模型方面，其描述语言包括 UML 统一建模语言、XML Schema 等。陈磊等[62]采用统一建模语言，依据元数据基本框架建立了物流信息合作模型，该模型反映了各元数据之间的相互关系，采用元类型表述物流信息元数据共同的属性特征和管理关系，其中属性特征包括编码属性、定义属性、规则属性 3 项。李学荣等[63]采用 XML Schema 对海洋水色遥感元数据框架进行描述，元数据框架由 BasicInfo、Quality、SpatialRef、Distribution、MetadataRef 和 OceanColor 六大部分组成，对应的 XML Schema 根元素为 OceanColor。

在元数据管理方面，英国的 Intra-Governmental Group on Geographic Information（IGGI）[64]项目提出了"元数据管理原则"以实现元数据管理的最佳实践，指出应关注元数据管理对信息管理者和最终用户的重要性，并致力于实现元数据管理过程的标准化，该项目的局限性在于只是针对地理信息的管理，缺乏对数字项目的管理，特别是合作项目管理的元数据管理者的清晰定位和职责描述。Weber 等[65]描述了元数据管理者的职责：负责元数据设计和创建，包括与项目管理者合作分析来源收藏，管理元数据时间表，以确保用户需求和保存需要，简要说来，就是选择和融合元数据标准，并将其融入整个项目活动过程中。Sun[66]描述了元数据管理的基本要求，分析了元数据管理的工作流程，并讨论了在合作数字项目中元数据管理者的角色和职责。InterPARES 2 采用了包括案例研究、活动模型和元数据模式分析等方法来验证文件和文件保存整个生命周期与连续性世界中元数据的相关情况。梅琨等[67]指出现有的元数据管理模式有两种，一种为建立一个专门的元数据库或目录，另一种是建立分布式的元数据仓库，并用网关服务器将它们连接起来，并在此基础上，提出了分级组织方式和地图组织方式的元数据管理。

综上所述，元数据框架研究视角主要包括创建、组成、模型、管理等，主要借鉴信息系统的相关理论和技术，主要是对实践案例的分析和模式提炼，缺乏基于对跨系统、跨平台、跨组织的共享信息元数据框架的研究，还缺乏方法论和理论层面等视角的研究。

3.3.5 科技计划项目元数据框架的关联性研究

（1）科研领域元数据项目的协同创新环境

协同创新是指参与者拥有共同目标、内在动力、直接沟通，依靠现代信息技术构建资源平台，进行多方位交流、多样化协作。F. van Harmelen 等[68]描述了科技系统中各利益相关者及在协同创新中的角色，如表3-6所示。

表 3-6 科技创新系统利益相关者及角色

利益相关者	在协同创新中的角色
基金机构	需要监督长期资助基金流动和项目进展情况，把握未来发展方向，激发新的研究领域，评估不同项目的基金战略，支持项目持续性发展，决策基金模式
研究人员	希望能很方便地获取研究成果、数据库、相关研究项目和成功率、可能的合作、竞争者、相关项目及出版成果（研究推动）
行业	对快速、便捷获取主要成果、研究者等非常感兴趣，通过引入信息或竞争所需的技术来影响研究的方向（行业拉动）
出版者	需要使用好用的界面来汇集大量的链接数据，需要考虑数据起源、质量和内容
社会	需要方便获取科学知识和专门技术

资料来源：修改自 VAN HARMELEN F, KAMPIS G, GOBLE C, et al. Theoretical and technological building blocks for an innovation accelerator [J]. The European physical journal special topics, 2012 (214): 183-214。

2008年美国商务部组织商业领袖对创新测量提出建议，在其报告《创新测量：促进美国经济的全社会创新》[69]中写道："为鼓励更多非政府研究者的研究，顾问委员会建议政府通过采用数据标记或相似方式使数据更方便使用，通过创建更多的公共数据文件促进数据的获取，进而促进创新研究。"这里的"数据标记或相似方式"就是指元数据等技术手段。

美国 NSF 资助的科学和创新政策项目（SciSIP）是为研究科学和创新政策的科学理论基础而设立的，项目在 2005 年立项。其目标是建立基于证据的平台基础，以便决策者和研究者评估国家的科技企业，促进对其动态性和产出的把握。SciSIP 的研究活动将有利于发展创造活动的理论并将其用于经济社会中，以及促进科学度量、数据库、分析工具和建立 SciSIP 的专家库。至 2011 年 1 月，有 162 位联合基金获得者共同致力于用于科学政策制定的数据、分析工具及模型等研究。

（2）科技计划项目元数据框架相关责任者研究

数据生命周期中，数据将经历不同责任者。Swan 等[70]将数据管理角色分为以下几类：①数据创建者或数据作者，包括研究人员、产生数据的领域专家。②数据科学家，包括研究开展人员或数据中心人员，与数据生成者紧密合作，担负全部或部分（数据创建者、数据管理者、数据使用者）的职责。③数据管理人员，包括计算机科学家、信息技术人员或信息科学家，负责计算机设备、存储、持续输入或保存数据。④数据图书馆员，最初来自图书馆行业，负责信息的加工、保存和存档。

元数据不仅仅是数据图书馆员的职责。NISO[53]强调了研究人员、技术人员和信息专家在创建元数据时的合作。他们之间有很多组合方式，最典型的是数字化或创建数字对象的技术人员创建管理元数据或结构元数据，由资源生成者提供描述元数据，在科学数据库的情况尤其应该如此。

有时候，数据创建者并没有动力或经验来创建元数据。Nasoz 等[71]描述了研究者进行元数据创建的如下挑战：①大部分研究者不经常记录元数据，可能一年只有一次或两次。②大部分参加元数据培训的科学家感觉他们没有合适的元数据工具，现有的元数据工具都太复杂。③可用的元数据标准来自于不同的人，定义各异。有时，同一用户在不同元数据环境下的理解也不同。④研究者更希望能有一种调查（interview）的格式来创建元数据，当前这种特征只有 Ecological Metadata Language（EML）一款软件。当定义元数据的关键词时，作者更愿意选择自己的术语，而不是从受控词表中进行选择。⑤创建元数据耗时费钱。⑥潜在的元数据作者需要培训，但培训受规模、频次、时间和场地限制。⑦给出同一数据集，两个元数据作者会产生很不一样的元数据文档。

Waddington 等[72]描述了云系统 Kindura 中人及元数据的相关关系，认为数据的生产者——研究者可以生成用于加工的元数据，并能跟踪在收藏阶段其成果产生的价值。研究者和作者是信息的消费者，能检索和浏览研究信息并下载，但不能浏览财务信息和保存元数据。元数据管理者包括系统管理者和资源管理者，其中系统管理者负责系统维护，资源管理者承担间接工作，包括根据系统要求确定特定资源的保留、复制等。

3.3.6 元数据框架的维度和技术视角研究

当前元数据框架的研究视角和研究技术各异，下面列举了一些比较有特色的技术视角的元数据框架类型。

（1）基于整个机构（ABS）视角的操作元数据框架

操作元数据包括 3 个层面：一是国际层面；二是整个机构层面；三是负责特定"客观事物领域"的团队，如科技资源。元数据概念在不同的社会环境中具有多样性，从信息专家创建的 DC 元数据到领域科学家为记录其分析技术的"过程元数据"。这些方法在领域科学家和信息管理者共同创建数据仓库时可能会重叠，也可能会带来冲突。

从具体领域来说，地理领域的元数据框架由美国联邦地理数据委员会（FGDC）和国际标准化组织地理信息技术委员会（ISO/TC211）制定。一个可操作的、面向对象的元数据体系可帮助在因特网上浏览、索引及检索分布式地理信息。ISO 19115 元数据标准提供了地理空间元数据的概念框架和实施方法，包括 3 个概念层：数据层、应用层、元模型层。

（2）基于社会构建方法的用户驱动语义元数据概念框架

Alemu 等[73]指出，社会构建主义者认为"意识建立在由我们提供的世界基础上，而不是存在于独立于我们的世界中"。有很多种构建世界的社会方法，这种方法与客观主义者视角"真理和意识存在于独立于任何感觉的客观实体"不同。Alemu 等还提出了元数据的社会构建方法。

3.3.7 面向应用的元数据框架实例研究

Jeremy[74]指出，对图书馆员来说，元数据（以前称为目录数据）提供了信息的增值部分，但他们一直忽略了一个问题，那就是大量证据表明，从我们的用户视角，元数据项目几乎对用户是没有意义的。我们应该放弃用户会浏览元数据的观点，实际上他们是不会的。用户只想看到尽可能少的附加信息，以快速决定是否需要点击或浏览资源。从这个角度看，元数据框架设置原则需考虑机器可理解部分应尽可能丰富，同时对用户应尽可能考虑阅读和理解习惯。表 3-7 是对几种面向应用的元数据框架，从构建方法、构建目的、元数据内容、框架概念、与相关元数据框架的比较等方面进行简要分析。

表 3-7 几种面向应用的元数据框架

框架名称	应用元数据框架[75]	数据质量评估元数据框架[76]	可扩展元数据定义框架[77]	基础管理性元数据框架[78]
构建方法	面向对象的元数据构建	以数据仓储元数据标准 CWM 为基础	平衡 XML Schema、RDF 和 WSDL 等相关标准	借鉴信息系统开发的方法与工具
构建目的	实现查询、索引和检索分布式地理信息	用于复杂结构的 R&D 数据质量评估	在不同环境中元数据的统一使用，描述元数据如何与各种代码体系和软件界面建立联系，提供扩展 schema 和创新 schema 时所需的管理框架，开发支持元数据并独立于 schema 的软件	构建基础管理性元数据框架

3 国内外科技计划项目元数据框架相关研究述评

续表

框架名称	应用元数据框架[75]	数据质量评估元数据框架[76]	可扩展元数据定义框架[77]	基础管理性元数据框架[78]
元数据内容	两种类型的元数据：描述元数据和操作元数据。描述元数据主要包括与用户相关的信息，如数据描述、分布信息。操作元数据主要指应用于自动操作过程的机器可读信息，如地图显示、空间分析、GIS 模型等	两种类型的模板：结构属性模板和定位模板	结构化元数据字典包括标识、句法类型、字典、语义关系、绑定。标识是建立文献定义的术语命名空间。语法类型是将元数据与数值类型连接。字典是详细记录需定义的特定术语。语义关系是描述一个特定的元数据如何与其他元数据连接。绑定是指元数据 schema 如何与不同的编码 scheme 和软件 API 绑定	用户需求、数据模型、元数据词典、应用机制
框架概念	根据不同的对象和任务，建立不同的元数据层级，如 GIS 服务元数据对象包括地理信息对象元数据、软件组成元数据、网络地图服务元数据。地理数据对象元数据包括地图显示元数据、空间查询元数据、空间操作元数据、数据链接元数据。软件组成元数据包括数据输入要求元数据、数据输出要求元数据、实时系统要求元数据、组成注册元数据。网络地图服务元数据包括获取方式元数据、显示类型元数据、地图功能元数据、地图主题元数据	在周期性的环境中，提供一般数据质量评估的元数据概念模型。该概念模型是建立在结构一致性基础上的抽象规则模板	在现有的两个 XML 关联技术 RDF Schema（RDFS）和 DAML+OIL 基础上进行平衡，如果 RDFS/DAML+OIL 能满足目标，可用来编码元数据字典。然后，将不同概念空间划分到单独的 schema 中，如可为空间时间、资源跟踪等元数据定义单独的 schema。使用命名空间在框架内部统一各种 schema 的应用形式。不同的 VO 组织可根据需要定义元数据，如可以删除、增加或改变元数据元素	调查分析用户需求；建立系统数据模型；根据模型中实体、关系及其属性，构建元数据词典；确定元数据应用机制

41

续表

框架名称	应用元数据框架[75]	数据质量评估元数据框架[76]	可扩展元数据定义框架[77]	基础管理性元数据框架[78]
与相关元数据框架的比较	传统的地理信息元数据框架，如 ISO/TC211 元数据框架和 FGDC 元数据框架，侧重于建立标准文档，标准化的元数据格式很难适应复杂的地理信息数据库。而应用元数据框架改变了元数据描述信息的传统功能模式，扩展到面向内容的、操作的、机器可读的元数据内容模式，并将元数据封装到数据对象中	OCL 等数据质量评估是基于受控语言的元数据表述，但还需要更高可读性和计算机高效性的元数据模型	传统元数据定义框架是考虑建立 schema 定义或元数据字典的文档，而可扩展元数据框架在上述基本目的外，还关注实现元数据最大价值的支持操作模型，以及不同形式的元数据语义关系	与其他元数据框架相比，目的明确，可操作性强

从表 3-7 中可知：不同的元数据框架，集中于不同的视角，应用不同领域。对本研究来说，这些元数据框架还存在如下不足：①没有现有的或可借鉴的科技计划元数据框架定义；②现有的研究是基于应用环境的，主要集中于特点目标的元数据框架，侧重于元数据框架的结构和物理特征，还没有从信息连续体视角来处理元数据框架，没有从全球信息治理的立场来管理元数据框架，没有从科技协同创新的终极目标来实施元数据框架。

3.3.8 国外科研领域相关元数据研究

（1）通用欧洲研究信息格式

欧盟向其成员国推荐的通用欧洲研究信息格式（common European research information format，CERIF）[79]是 euroCRIS[80]制定的在科研领域应用广泛的科研数据和元数据模型，euroCRIS 成立于 2002 年，是一个国际非营利性组织，致力于联合各国专家开展研究信息和研究信息系统研究，其目标是在研究信息团体中促进知识共享，并通过 CERIF 实现研究信息互操作。

CERIF 于 1988 年由几个欧洲国家开展研究，CERIF 中研究信息是指包括人、项目、组织、出版物、专利、产品、基金、设备等研究实体及相互关系的信息。CERIF 提供了关于研究数据和元数据的权威模型，是支持研究信息管理的形式化概念模型，应用于研究数据系统（current research information system，CRIS）开发中，以及 CRIS 数据交换，各种 CRIS 发布式异构系统等。为了促进欧盟成员国之间研究项目数据交换，欧洲研究数据库工作组 1991 年发布了 CERIF91。Asserson 等[81]指出，CERIF91 在应用中出现的一个主要问题是致力于以单一实体为中心构建系统，如英国的 ASCENDA 系统以项目为中心，英国的 BEST 系统和美国的 COS 系统以人员为中心，法国的 LABO 系统以组织机构为中心。

针对 CERIF91 中存在的问题，1997 年欧盟开展了对 CERIF 的修订，增加了人员和组织及其他项目环境中的相关实体，并于 2000 年发布了 CERIF2000，CERIF2000 包括 3 个主要实体（项目、人、组织），并通过（角色、日期/时间）属性实现 n∶m 的内部链接，图 3-2 显示 CERIF2000 具有如下特征：①CERIF2000 将研究信息作为描述对象，通过元数据实现项目、基金、人、出版物、组织之间的关联。②CERIF2000 不包括项目活动过程信息。③CERIF 面向研究数据，通过元数据显示研究实体、研究活动、研究结果及相互关系，元数据形式化、语义结构化特征使其具有高度的灵活性，实体关系可以灵活描述项目关系（项目与子项目、项目与后续项目的关系）、人员关系（如项目评审人员、项目研究人员、成果知识产权与转让人员之间的关系）、项目成果与项目关系（出版物、专利、产品等成果与项目之间的关系）等。Asserson 等[81]认为，CERIF2000 的实体及关系还较少，项目实体（project）还可以增加项目计划、经费、时间表、交付成果，人员实体（person）可以考虑增加年度评估等。

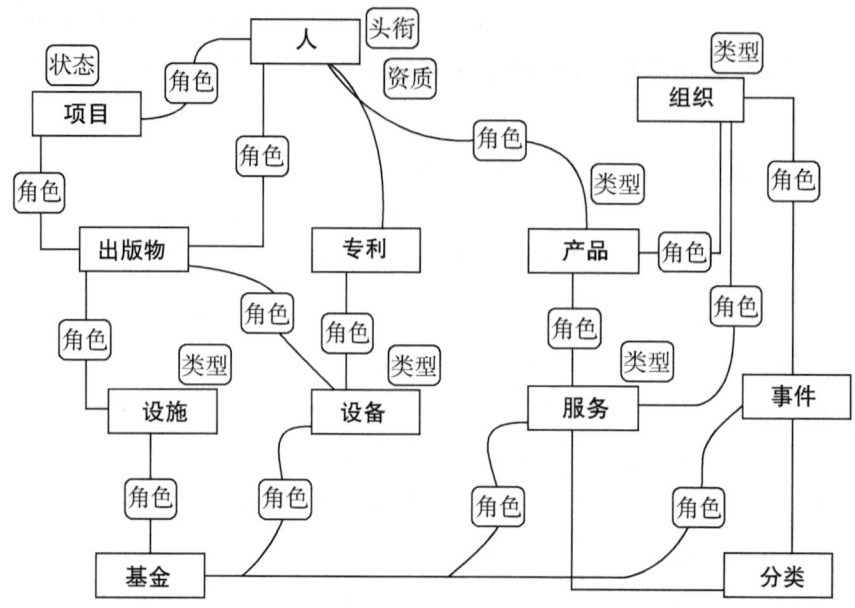

图 3-2　CERIF2000 实体、角色、状态、类型图示化示例

2006 年发布的 CERIF2006 对实体的角色和类型进行了语义层级的重组，以支持不同语义应用的灵活性需求，并配套了 CERIF XML。2008 年发布的 CERIF2008 对学术出版物实体上进行了详细的描述，并同时出版了语义词表 CERIF Semantics，CERIF2008 包括 CERIF2008-1.1、CERIF2008-1.2。后续的 CERIF 版本不再标识发布年度，如 CERIF1.3（2012 年）、CERIF1.4（2012 年）、CERIF1.5（2012 年）、CERIF1.6（2013 年）。在显示方面，CERIF91 是一个文档；CERIF2000 是可以改变视角的数据库；CERIF2006 在语义层面上实现了语义功能，增加了 XML 交换格式；CERIF1.5 整合了标识符，如研究者标识符 ORCID、数据集及出版物标识符 DOI；CERIF1.6 支持数据集。

（2）推进研究管理信息标准联盟词典

推进研究管理信息标准联盟词典（consortia advancing standards in research administration information，CASRAI）[82] 是研究管理信息领域反映业务需求的扩展术语和交换数据集的国际标准，包括反映研究相关各方业务需求的基本数据集。CASRAI 致力于解决研究领域中长期存在的问题，这些问题涉及3个方面：①信息收集和共享，用于基金机构、组织、出版等领域的研究信息收集和共享，包括基金申请、成果报告、数据管理计划、财务、写作、评估等。②不同来源的信息具有碎片化和不一致等特征，以及不同基金和相关机构的信息获取权限等问题。③通过建立统一的模型文件集来实现信息的管理和再利用。

CASRAI词典由国际研究基金机构合作制定，以确保研究信息的互操作。CASRAI词典定义了相关研究管理术语，最新的在线术语集[83]包括1765个术语（如项目生命周期、项目大事记）、121个对象（如专利、人员信息、研究地点）、1036个属性（如报告、项目风险、基金来源代码）及10个列表（如贡献角色、应用领域、成果类型、研究分类）。表3-8是CASRAI词典的概念模块。

表3-8 CASRAI词典的概念模块

概念	描述	示例
数据集	满足特定工作过程信息需求的预先定义的数据子集	Abridged CV
组	帮助人类可读的相关文件集合	Identification, Education, Employment, Contact, Funding, Grants
文件类型	相关领域的单个文档或全集	Person Info, Research Classification, Degrees, Supervisors, Professional Designations, E-mail Addresses, Mailing Addresses, Phone Numbers, Multi-year Details, Grant Participants
域	单件信息	First Name, Gender, Keywords, Degree Name
列表项	领域内的权威编码术语列表	Salutation, Topic, Field of Application, Discipline

（3）研究理事会中心图书馆科学元数据模型

研究理事会中心图书馆（the council for the central laboratory of the research councils，CCLRC）科学元数据模型[84]是从科学研究视角描述科

续表

学数据的基本元数据模型。CCLRC构建了包括政策、项目、研究和调查（包括实验、测量、模拟不同类别）等实体的多层级科学活动数据模型，其中项目实体是指具有同一研究主题的相关研究，通常由基金资助并需要进行评审，该项目实体与国家科技计划项目实体类似。图3-3是政策、科学研究的相关元数据模型。

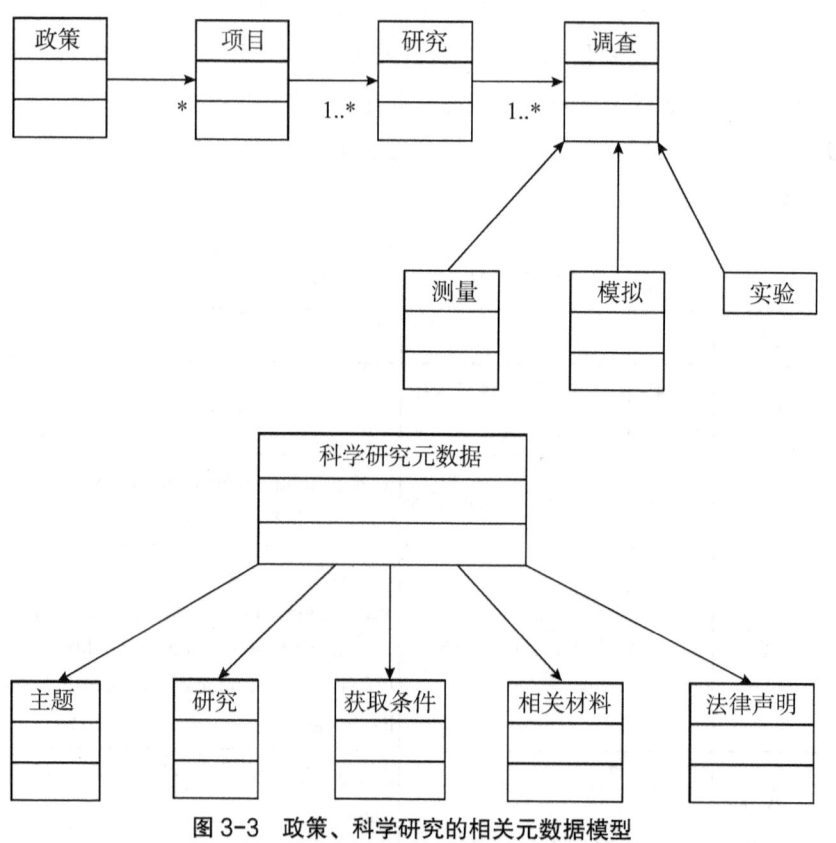

图3-3 政策、科学研究的相关元数据模型

CCLRC科学元数据可分为主题、研究、获取条件、相关资料、法律声明5类，关于项目的元数据有基金来源、时间节点、研究目的等。

CCLRC元数据模型具有如下特点：①CCLRC元数据模型以科学研究活动为描述对象。②CCLRC的元数据类别主要从科学研究活动及数据获取视角来划分。CCLRC是从科学信息、科学研究和数据生成视角下的元数据模型，对我国科技计划项目元数据框架是一个很好的补充，对 E-Science 环境下科研人员的元数据观的形成和训练具有很好的借鉴作用。当前 CCLRC 科学元数据在测量学、分析化学、材料科学等领域的数据管理应用非常成功，未来还将开展同义词（如主题图）及与 Oracle 等数据库兼容性等方面的研究。

3.4 面向共享的科技计划项目元数据框架研究的必要性与可行性

3.4.1 当前我国科技计划项目中元数据应用的现状与问题分析

科学数据作为一种重要的科技资源，当前我国科技计划项目元数据应用较系统的是科学数据共享领域，《科学数据管理办法（征求意见稿）》[85]明确指出，汇交的科学数据是在国家科技计划项目实施过程中产生的原始性观测数据、探测数据、试验数据、实验数据、调查数据、考察数据、统计数据及按照某种需求系统加工的数据和相关的元数据等。第一次从数字资源共享视角，指出元数据是汇交科学数据的组成部分。

王喜乐等[86]指出，2008 年，科技部在国家重点基础研究发展计划（973 计划）资源环境领域开展数据共享试点，发布了《国家重点基础研究发展计划资源环境领域项目数据汇交暂行办法》，规定汇交的数据内容包括项目新增原始数据、研究分析数据及应用软件等，汇交的数据集应有元数据和数据说明。为了保证各项目都按统一的标准采集元数据信息，数据汇交中心开发了离线采集和在线采集两类元数据汇交工具。按照该办法要求，所有汇交数据的元数据信息将在接收数据 1 个月内对外开放，目前接收到的 1833 条元数据全部上网，对外开放，提供检索和离线数据申请。

曹彦荣等[87]指出，科学数据汇交中元数据工作流程为：数据生产部门按照元数据标准完成元数据库，提交数据待审核专家组审核后，将数据和元数据汇交到各个相应的科学数据专业中心，然后由各中心汇交到门户网站。科学数据汇交的技术流程包括元数据编辑系统和元数据管理系统。

阚瑷珂等[88]以973项目"白垩纪地球表层系统重大地质事件与温室气候变化"为例,列出了包括数据集标识信息、测试/鉴定记录、数据集负责人、数据集管理单位4类元数据的项目元数据列表。

蔡佳男等[89]指出,水利科学数据元数据按层状结构进行组织,其内容应该包括:对数据集内容的描述;对数据集中各数据项、数据来源、数据量及数据生产过程等的说明;对数据质量如数据精度、数据的逻辑一致性、数据的完整性等的描述;对数据的表达方式、数据的起止时间、空间范围、数据的尺度及空间参考系、坐标等的说明;对数据存储格式、存储介质、存放地点、索取方式、数据及元数据所有者信息的描述;对数据处理信息的说明,如量纲的转换等;对数据转换方式的描述;对数据集更新周期、集成方式的说明等。

周宝平[90]指出,太原地区科学数据共享平台包括元数据汇交、数据发布、元数据检索及多种方式的数据共享等功能,并指出《太原地区科学数据共享元数据内容框架》包括科学数据共享核心元数据、部分科学数据共享公共元数据及部分科学数据共享参考元数据3个元数据集合。

尽管我国科学数据元数据研究和实践取得了一些进展,但总体来说,当前我国科学数据元数据研究和实践主要集中在科学数据元数据工作流程、特定领域元数据元素集、元数据在系统共享中的实现、元数据质量审核等方面,缺少对构建方法和互操作的统筹研究,缺乏对元数据的应用环境和评价机制的研究。

在我国科技计划项目管理活动和过程中,科技计划项目描述元数据和管理元数据零散分布在各项目节点要求报送的各类文档中。如国家科技重大专项项目有验收申请书、自评价报告、验收评议表、验收结论书,《国家高技术研究发展计划(863计划)文档材料管理办法(试行)》规定了863计划应归档文件、材料参考目录,包括课题申请书、课题初审意见表、课题任务合同书、课题验收申请等各种规范文档。

袁烁峰等[91]从共享元数据抽取的角度,采取"共性数据资源为主干、个性数据资源为枝叶"的方式,凝练了包括课题基本信息集、单位基本信息集、人员基本信息集、经费基本信息集4个基本数据集合的科技计划项目共性元数据，并在此基础上提出了科技计划项目数据资源可信度分层模型，从而为基于共性元数据的科技计划项目整合应用提供了参考。

《国家科技计划管理暂行规定》指出，国家科技计划必须建立报告制度，基本报告类型包括进度报告、统计调查报告、调整报告、重要事件报告、财务报告、验收报告。但未统一规范各类报告的必备要素、编写格式和相应的元数据信息。致使当前积累的报告中管理类报告所占比重过大，技术类报告质量水平不一，且未能实现开放共享。

胡永健等[92]指出，科技资源信息元数据具有多样性、异构性和复杂性的特点，使得对其质量管理和控制非常困难，并采用基于J2EE的3层构架体系设计了元数据质量审核模型。

综上所述，目前我国科技计划项目中元数据存在以下主要问题：①元数据是单维单项的，未有整合科技计划项目业务层、信息层，贯穿科技计划项目活动全生命周期的元数据框架和标准；②科技计划项目元数据的类型和具体元数据集未达统一的认识，未形成统一的标准规范，各课题、项目自行其是，对科技统计、科技计划项目信息整合和共享有很大的影响；③科学数据外的科技人才、科技成果、科技金融等科技资源的元数据研究还比较缺乏等。因此，从科技成果的用户视角出发，科技计划项目迫切需要构建基于科技信息资源利用的元数据体系，将元数据视为科技资源，融入科研管理的全流程中，在各相关主体间形成科学有效的元数据工作流程，以促进科技计划项目产生的科学数据和科技报告等相关信息资源的有序化、知识化，实现科技信息资源和科学数据的共享和有效应用，为促进科技创新、提高科研产出效率提供支撑。

3.4.2 国际科技计划项目元数据框架应用的现状及问题

国际科技计划项目元数据研究主要集中在元数据管理政策、工作流程、相关标准、元数据应用研究等方面。

在元数据管理政策方面，早在2002年，英国自然环境研究理事会（NERC）[93]就要求NERC研究中心作为元数据提供者确保数据描述的一致性。印度政府 2012 年的国家数据共享和获取政策 NDSAP[94]指出,国家数据共享和获取致力于促进以技术为基础的数据管理文化及共享和获取,所有部委应在本政策发布的 3 个月内向 data.gov.in 网站上传至少 5 个高价值数据库,标准化的元数据格式也要上传,以促进数据发现和获取。

美国 NSF、NIH 等基金项目管理政策中一般没有将元数据单独列出,主要在"数据共享政策"(data sharing policy)等要求中涉及相应的内容,表 3-9 是基金及项目中对元数据的相关规定及要求。

表 3-9　基金及项目中对元数据的相关规定及要求

基金名称	相关规定
美国 NSF	自 2011 年 1 月 18 日起,NSF 要求所有的基金项目申请需提交最多两页的数据管理计划,内容包括描述所有资源产生的元数据,以及如何使用数据和元数据格式与内容的标准,或相应的描述等
美国 NIH	自 2003 年 10 月 1 日起,所有超过 50 万美元的年度 NIH 项目都必须提供最终研究数据共享计划,在共享计划中应说明哪些元数据将随着数据一起提供
英国 ESRC	在数据管理和共享中发展了"新思路",如对定性保存和数据共享 schema 的研究
美国和英国数字考古项目[95]	规定考古项目元数据分为项目级元数据、资源级元数据、文件级元数据、管理级元数据四大类
METAFOR 项目	为建立描述天气数据和模型的一般信息模型,制定了关于天气模型数字保存的一般元数据

在元数据工作流程方面,开放数据基金组织(open data foundation)[96]的 RDC 元数据框架流程包括生产者提供数据和基本文档、改进现有元数据、获取研究者元数据、形成知识并用于重用、提供使用和质量反馈、研究主题重复、元数据输出、公众利用元数据进行数据发现,以及形成全球知识以便元数据在不同机构间交换的 9 个步骤。Dennis Nicholson[97]指出创建和管理复杂数字对象时,元数据设计的方法包括早期的项目需求讨论,分阶段方法(元数据、元数据标准、元数据管理)。其中复杂数

字对象元数据设计时需要考虑用户变量（PDA、Web、移动电话或其他）、工作流控制（不同技能的专家、信息权威、元数据质量等）、格式变量（文字资料、音频资料、视频资料、静止影像、3D 图像等）、灵活性、数字保存、与其他标准的映射（XML 输出）等。

在元数据标准方面，英国自然环境研究委员会（NERC）制定了用于表述数据网格的 NERC 元数据[98]。2012 年，美国国家信息标准化组织 NISO 和 DCMI 联合发起了关于管理科学研究数据的元数据的网络论坛。关于科学元数据方面的标准还包括政府间海洋学委员会制定的 CSR 标准[99]、链接环境科学的元数据对象标准 MOLES[100]等。考虑到科技计划项目元数据标准应用不仅仅是技术问题，还需要改变管理模式和进行培训。当前 DDI Alliance、International Household Survey Network、UK Data Archive、NORC Data Enclave、Canada RDC、Open Data Foundation 都在项目元数据管理工具方面进行了努力，成果包括 DDI Foundation Tools Program、UK DExT、Canada RDC、EU Framework 7 等。

在元数据工作流程方面，Paterson 等[101]指出，共享出版数据和其他研究项目成果最初采用的是建立机构仓库的方式，随后转为开发必要的共享原始数据的基础平台，并产生了基于获取公共基金资助产生的学术研究和信息而发起的"开放获取"（open access）运动。澳大利亚 DART 项目采用了"全过程"数字研究环境方法，涵盖了信息生产、交换、使用和管理，提供了实际工作过程的演示模型。

在元数据应用方面，科技计划项目的成果主体涉及开展研究机构、数据共享机构、基金组织、国际组织、科学出版商等，这些主体如何合作以实现研究成果可持续共享是迫切需要解决的问题。Harris 等[102]介绍了提供研究信息支持的研究电子数据获取 REDCap 的元数据驱动方法论和工作流方法，英国 JISC 项目开发了 JISC IE 元数据 schema 注册项目，该元数据项目旨在发展一个元数据 schema 注册，以便在 JISC 信息环境中提供试用共享服务。

综上所述，国际科技计划项目元数据的应用主要分散在管理政策、科学数据库技术、标准制定、应用研究等方面，单纯以基金项目元数

面向共享的科技计划项目元数据框架

据为研究对象的论文尚不多见,目前国际科技计划项目中元数据的研究和应用值得借鉴的经验是元数据全程管理与全员管理纳入科技计划项目目标管理、科技计划项目知识再用信息治理规范,在支持科技协同创新方面还缺少战略对策和科技资源观研究视野,存在进一步研究的空间。

3.4.3 科技计划项目共享元数据的重要意义

元数据框架对科技计划项目信息资源共享具有重要意义,英国数字科学核心项目(E-Science core programme)[103]指出,元数据是共享研究成果的关键因素。元数据可实现同类资源的有序化,元数据框架能促进不同类型、不同学科的科技计划项目信息资源实现更好地描述、更易于检索和浏览。

FGDC 认为,元数据的首要用途是组织和维护机构的投资数据。元数据通过描述信息资源本身,标示对象之间的关系,揭示数据内容结构等功能。这样即使有人员变动,也不会影响到组织的运行,从而促进科学管理。

开展科技计划项目共享元数据框架研究,具有以下意义。

(1)从优化配置科技资源视角看,可丰富元数据相关理论

面向共享的科技计划项目元数据框架研究是元数据理论的一个重要研究方向。建立面向共享的科技计划项目元数据框架,可有效地丰富元数据相关理论和应用,拓展信息资源管理元数据理论的研究领域,发展元数据作为科技资源的创新理论与实践。

(2)从提升科技计划项目治理水平视角看,可实现科技计划项目的知识积累和维护项目记忆

与其他图书情报领域一样,科技计划项目管理需要元数据是因为他们需要元数据来进行信息资源的组织管理(尤其是在数字环境和网络环境下)。保存元数据是进行科技计划信息资源流组织管理和共享的基础,元数据是"科技计划项目记忆"的关键要素,决定其知识积累和传播共享。

3　国内外科技计划项目元数据框架相关研究述评

（3）从支持科技协同创新视角看，可促进科技计划项目信息共享

面向共享的科技计划项目元数据框架研究是科技计划研究成果共享利用和科技决策共享实践的重要支撑。科技计划项目元数据框架能有效促进科研成果的利用和共享，提高国家和全社会科研投入产出效率。同时，元数据框架可促进有关决策及科技计划项目信息的集成和共享，实现科学管理和避免重复立项。

4 科技计划项目元数据框架构建的理论和方法论研究

科技计划项目元数据框架是一个复杂系统的工程,科技计划项目元数据框架构建需要遵循一定的原则,涉及多种理论和方法论的综合应用,需采用合理的方法。本章将对科技计划项目元数据框架构建的原则和方法进行深入论述,并借鉴连续体理论、复杂系统理论、信息生态理论等多种理论来探寻科技计划项目元数据框架构建的理论基础。

4.1 科技资源观视角下的元数据连续体资源优化配置假设,以连续体理论为支撑

4.1.1 连续体相关理论研究

信息生命周期认为,信息是一个运动概念,总是处于持续不断的进程的某一阶段中,与信息生命周期的链状单一维度不同。文件连续体和信息连续体认为信息是在时间/空间二维演变的螺旋式"韵律",包括信息的形成创建过程、记录信息的捕获过程,以及在竞争领域的组织和集成过程。

信息连续体的"连续"主要侧重于记录信息的自然过程,认为其是一个资源配置的过程,在我们的活动中需要共享和使用相关信息。而文件连续体的"连续"则认为记录信息的过程是管理资源的过程,一些信息的创建和维护不依赖于内容,而依赖于方式。

文件连续体理论的特点和重点在于从管理角度研究问题,主要描述

文件管理规律和管理模式,同时也涉及了文件自身的运动规律问题。它以文件的"形成、捕获、组织、合成"为主线,考察文件从最小保管单位到最大保管单位的运动和管理过程。

4.1.2 连续体视角下的元数据框架

在连续体视角下的元数据主要特征应是新的元数据可以通过元数据间进行组合而创建,并可成为其他元数据的一部分。在这种方式下,元数据可以在另一个应用环境进行再利用,并在人类社会活动中进行再生产。这意味着,科技计划项目元数据框架应能且必须与科技计划项目过程相关联。

中国科技资源导刊编者[104]介绍了元数据框架对改善数据资源质量、促进资源共享等功能的相关信息,指出一个基于元数据扩展的数据管理模型应该包括8个阶段:元数据创建、元数据结构化、元数据提炼、数据创建、数据利用、数据评估、数据提炼、数据操作。图4-1是元数据及其使用的8个阶段扩展数据生命周期模型。

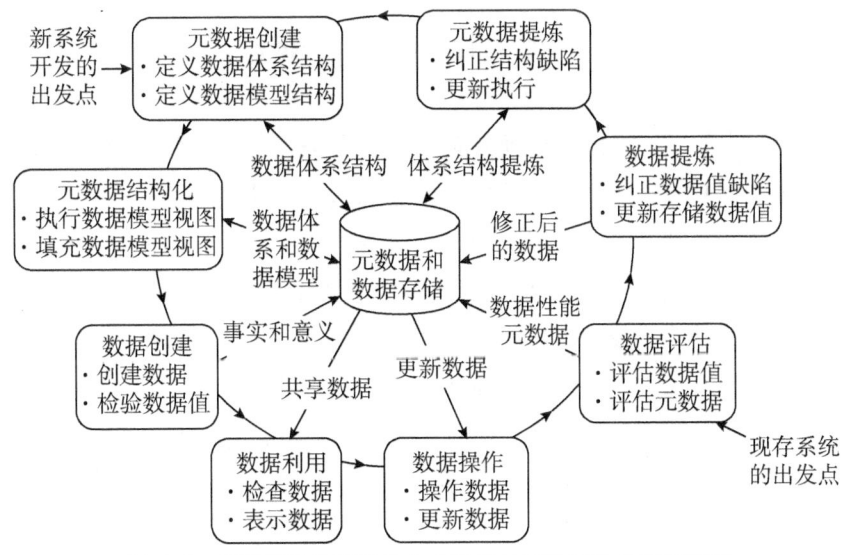

图4-1 元数据及其使用的8个阶段扩展数据生命周期模型

(资料来源:赵辉.使用元数据框架改善数据资源质量[J].
中国科技资源导刊,2008,40(2):73-75)

4.2 科技计划项目信息治理视角下的元数据复杂系统管理模型，以复杂系统理论为支撑

4.2.1 复杂系统相关理论研究

复杂系统理论是指运用"整体"和"系统"的概念来处理复杂性问题的理论。信息学家魏沃尔在其论文《科学与复杂性》中，对复杂性和简单性进行了区分，并把复杂性划分为无组织和有组织两类。复杂系统研究的高潮始于20世纪70年代产生的自组织理论，这一阶段所研究的系统个体是无意识的物质组元，虽然子系统的数量巨大，但其间的关系比较简单，是对简单巨系统的复杂性研究。20世纪80年代，以有组织地、系统性地研究由主动性个体组成的具有系统复杂性的桑塔费研究所（Santa Fe Institute，SFI）的成立为标志，人类复杂系统研究进入了探索简单性与复杂性、确定性与随机性、基本粒子的运行规律和整个人类精妙运转的机制之间的内在规律和联系的研究领域。

4.2.2 对信息治理下的科技计划项目元数据框架的相关启示

Alemu 等[105]认为，元数据简单化是一个用户的问题，但元数据的丰富性是由于大量的语义关联和越来越与内容相关的需要。众所周知，Google 被很多用户认为使用方便，只要输入关键词，点击搜索按钮就能查找结果。但实际上，Google 拥有大量的显性和隐性元数据、海量文档、负责的计算机算法及网络爬虫。可以认为，Google 的元数据是丰富的，系统是复杂的，而用户界面是简单的。元数据的复杂性是技术问题，而不是语义问题，技术的复杂性不可避免影响语义的互操作。由于缺乏元数据控制和验证的兼容系统，很多 OA 存储系统不能实现提供书目和管理元数据的公告，使检索、集成信息产品和元数据更难。因此，借鉴复杂系统理论的自组织来开展科技计划项目元数据框架维护。因为元数据来源经常发生改变，负责改变来源的人应负责元数据的抽取，也应维护

元数据的变更。科技计划项目元数据框架应采用Web 2.0技术，如地图等以不同方式显示语义元数据，以及用谷歌地图定位组织机构，或用MediaWiki集成管理文本文献。元数据应支持以数据库为基础的（主要为科学数据）和以本体为基础的（主要为科技信息）信息。

4.3 科技协同创新视角下的元数据框架构建生态支撑体系，以信息生态理论为支撑

4.3.1 信息生态相关理论研究

信息生态提供了在多维度环境下进行数据考虑、知识创建、信息流动的概念框架。复杂性、模糊性、非线性是信息生态的一部分。"信息生态学"最早由达文波特和普鲁萨克在1997年出版的《信息生态学：掌握信息和知识环境》书中提出，他们认为信息生态学是对组织内部信息利用方式产生影响的各个复杂问题产生整体的观点，显示在许多不同现象的相互作用时必须利用系统论来分析问题。纳笛和欧戴认为信息生态是特定环境里由人、实践、价值和技术构成的一个系统。信息生态学的研究包括信息生态学相关概念、各要素之间的相互关系、理论体系及具体应用等。信息生态研究利用生态学原理来研究人类信息活动及其环境的问题，并将它们作为统一研究整体，避免了系统内信息、人、信息环境的相互分隔。

4.3.2 对协同创新的科技计划项目元数据的相关启示

首先，要协同创新，研究者应配备促进创新的研究环境，这种协同环境，主要以维基、博客及直接与数据商交流等为特征。这种协同使研究者能在不同场所分享资料，并通过博客和维基等交流信息，帮助他们获取研究过程、比较结果和与数据生成者进行数据不同方面的交流。

面向共享的科技计划项目元数据框架

这种协同创新环境不仅能促进高质量的研究，而且能促进研究者、生产者之间为创建优质调研生命周期进行的交流。然而实际障碍更多来自技术：一个障碍来自科学家在使用元数据编辑软件时感觉很困难，这些困难导致了科学家花很少努力来创建元数据，通常创建了比他们自己或数据使用者期望质量更低的元数据；另一个障碍来自选择哪种元数据标准，数量众多的元数据标准使得科学家生成元数据时很困难，使得用户采用元数据来理解研究数据时更困难。这种状况在学科内或跨学科情况下都存在。

研究共同体里的文化因素是信息共享的另一个重要障碍，但是当前有两个方面的进展正在减少这些障碍：一是越来越多的科学期刊要求支持发表论文的研究数据进行保存和共享；二是2010年年底NSF宣布所有的项目都必须提供数据管理计划（data management plan）。

科学研究项目有两个主要成果：以期刊或其他文献形式的出版物，以及在观察和实验中形成的数据集。元数据是存储和传播科学数据的关键因素，通过设计合理的元数据模型，定义合适的层级，科学家能够出版和共享数据，并使其实验结果和研究能检索。合理的元数据能促进学科内及学科间数据的再利用。

4.4 基于资源共享的科技计划项目元数据框架设计原则

Horodyski[106]指出，在建立了定义和核心概念后，在构建基于共享的高质量元数据前需要弄清楚3个关键问题：①你需要解决什么问题？②谁将使用元数据、什么目的？③为实现该目的，哪些类型的元数据是重要的？具体到科技计划项目元数据框架，这3个关键问题可具体解答为：①科技计划项目元数据框架是为实现科研成果的共享和再利用，以及科学管理和避免重复立项而设置的。②使用科技计划项目元数据框架的人包括计划申请者、科研管理人员、成果用户、第三方统计人员等。③科技计划项目关键元数据从不同视角可划分为不同类型：从创建方式看，包括手工创建元数据和机器自动创建元数据，专家创建元数据和非专家创建元数据（如社会标签等）；从创建日期看，包括与原生资源同时创建元数据、资源形成后添加元数据两类；从保存方式看，包括存储在数据内部元数据、与数据链接元数据、独立元数据等；从用途看，包括成果共享元数据、电子资源组织元数据、互操作元数据、数字标识元数据、保存元数据等。

为确保资源共享的成效，元数据框架设计应考虑建立合适的团队、明晰需求、确定业务模型、确定元数据规范、与工作流程相结合、测试及改进等。科技计划项目元数据框架设计应满足如表4-1所示的原则。

表4-1 科技计划项目元数据框架设计原则

原则分类	内容
关于设计的原则（以细节设计为特征）	非常清晰的结构化框架 用户案例 完全的主题列项
关于使用的原则	帮助实现科技计划项目元数据的业务价值 分步骤的实现方法，避免太早进入技术讨论 以业务价值实现为中心 更好地理解角色和活动 业务视角的更优维护系统 可计量的业务案例

4.5 科技计划项目元数据框架构建方法

科技计划项目元数据框架构建过程中，可借鉴下列研究方法论和方法，这些方法不是单独使用的，一般是在元数据框架构建过程中，根据需要综合多种方法思想，灵活运用。

（1）需求分析方法

需求分析是指理解用户需求，实现设计功能与用户达成一致。需求分析方法的科技计划项目元数据方法是将元数据理论和技术应用于科技计划项目领域，在充分的元数据需求分析基础上，围绕科技计划项目的生命周期，采用统一建模语言 UML 建立科技计划项目元数据的概念模型，通过该模型表达科技计划项目元数据的基本信息需求。需求分析方法通常借鉴信息系统设计时常用的需求分析结构化方法，建立实体-关系（E-R）模型，确定不同视角下、不同生命周期业务过程的实体、关系及其属性。从用户角度的需求分析方法则主要分析 E-Science 环境下，科研工作者获取开放科研资源的习惯和局限性，从而确保科技计划项目的描述性元数据、结构性元数据能满足科研工作者的最大需求。

（2）"文献"保证法

元数据"文献"保证法是从"文献"中抽取、确定具体元数据元素的演绎方法。美国匹兹堡大学电子文件项目开展的"业务领域认可的元数据参考模型"（business-acceptable communication，BAC)[107]构建即采用了此种方法，项目研究者从文件管理相关的法律、法规、标准、文献中抽取元数据项，构建文件管理需求功能模型。科技计划项目元数据"文献"保证法从以文献形式表述有关科技计划项目管理要求的法规、标准、政策、规范、论文等概括出科技计划项目元数据的需求，并进一步构建元数据模型。元数据"文献"保证法的优点是元数据能确保描述对象长期使用性，以及描述对象符合相关政策法规、标准规范等应用环境，如 BAC 元数据能确保描述文件的证据性、可追溯性、长期保存。

（3）社会调查法

社会调查法是指为了达到预定目的，全面或比较全面地收集研究对象的某一方面情况的各种材料，并做出分析、综合，得到某一结论的研究方法。元数据社会调查法包括用户访谈法、德尔菲专家调查法等。科技计划项目元数据用户访谈法从用户的经验、实践角度归纳科技计划项目元数据，确保所形成的元数据能切实符合用户的需求，其长处是可以最大限度地满足科技计划项目管理元数据的实用性和操作性，但是这种方法本质上是一种归纳法。如不与其他自上而下的方法如需求分析、流程分析等方法结合，则建立的元数据很可能缺乏完整性和系统性。科技计划项目元数据德尔菲专家调查法是研究者拟定元数据调查表，按照既定程序以函件方式向专家组成员征询意见，专家组成员以匿名的方式提交意见的方法。德尔菲专家调查法具有匿名性、反馈性、多轮性等特征。

（4）标准化法

标准化法是指在领域内形成规范的科技计划项目元数据标准，以便最大范围内实现元数据一致性和互操作的方法。元数据标准包括国际标准、区域标准、国家标准、行业标准等。元数据标准由于描述对象和需求的复杂性，很难用单个标准来满足不同要求。当前应用广泛的代表性元数据标准是国际标准化组织 ISO/TC46 制定的都柏林核心元数据 DC 标准（ISO 15836），以及 ISO/TC211 制定的地理信息元数据标准（ISO 19115）。众多的数字图书馆元数据项目，如科技部项目"我国数字图书馆标准规范"，在制定元数据标准时，采用参照 DC 核心元数据并根据自身需要进行扩展的构建方法。众多的地理信息元数据项目，如美国空间信息 FGDC 项目，采用参考 ISO 19115 并根据自身需要进行裁剪的构建方法。科技计划项目元数据构建中，也可采取对已有元数据标准进行分析、扩展和裁剪等方法。

（5）流程分析方法

流程分析方法也称业务流程法。业务流程是指业务过程中一系列创造价值的活动的组合。流程分析方法是基于时间轴的需求归纳，有宏观流程分析与微观流程分析两类。宏观流程分析是将分析对象作为一个整体，站在高出对象的角度进行流程分析；微观流程分析是对分析对象的内部流程进行分析。科技计划项目元数据宏观流程分析一般基于 OAIS 模型，微观流程分析则是基于科技计划项目机构内部的管理流程的分析。元数据业务流程分析需要开展目的、范围及资源保障条件等因素分析，分析可采取虚化业务活动过程，或用流程图可视化业务活动过程及相互关系等方法。

（6）复杂系统方法

元数据复杂系统方法是从各种复杂的数据对象提取元数据，建立元数据模型、元数据数据库、元数据引擎，形成元数据体系结构。元数据提取智能体、元数据智能搜索引擎的设计等都采用了复杂系统方法。复杂自适应系统是由大量具有自适应主体组成的，任何复杂自适应系统的建模工作主要归结于选择和描述有关的刺激和反映。对于一个给定主体，通过分析其可能发生的刺激范围和估计可能做出的反应结果，确定主体具有的规则种类，并按照行为顺序考察这些规则，从而描述主体行为。复杂自适应系统可看作由规则描述的、相互作用的主体构成的系统，相互作用和适应性是复杂系统复杂性的根源。复杂系统一般包括聚集、多样性、非线性和流，以及标识、内部模型和积木3个机制。元数据复杂系统构建需要考虑元数据基础设施的建设，如Qin等[108]认为，元数据基础设施包括元数据元素、词汇、实体及其他元数据产品，是实现元数据服务功能的工具和应用基础。

（7）设计科学研究方法

Malta等[109]采用设计科学研究方法（design science research，DSR）构建了被称为Me4DACP V0.1的都柏林核心应用纲要DCAP，设计科学的目标是满足现实需要创建创新产品，设计科学研究包含3个圈：环境中的关系圈（relevance cycle）、构建产品的主要活动的设计圈（design cycle）及科学理论等知识基础的严谨圈（rigor cycle）。Me4DACP包括4个构建方面：领域定义、构建、发展和验证。其构建生命周期产生6类产品：产品1（愿景、工作计划）、产品2（功能需求、领域模型）、产品3（集成卷宗）、产品4（可视化卷宗）、产品5A（术语集）、产品5B（使用指南、语法指南）、产品6（描述集指南）。这些产品之间有迭代的关系，如产品2完成后可重回产品1，产品4完成后可重回产品2或产品1。

（8）书目记录功能需求方法

书目记录功能需求（functional requirements for bibliographic records，FRBR）是国际图联于1998年发布的，采用实体－关系表示书目记录功能的模型。FRBR定义了3组实体：第一组实体为创造或人工智力产品，包括作品（智力创建）、表现（作品的实现）、显示方式（表现的具体化）和件（显示方式的示例）；第二组实体为与第一组实体有关联关系的所有主体，包括个人和组织；第三组实体为作品主体，包括概念、对象、地点和事件。应用FRBR构建DCAP的代表性例子包括DC-CAP（dublin core collections application profile）和SWAP（scholarly works application profile）。DC-CAP构建了收藏及关系的实体－关系模型，实体包括收藏

（collection）、件（item）、地点（location）、服务（service）和目录索引（catalogue or index）。SWAP 基于 FRBR 进行了部分修改，主要集中在实体和关系标签上。Zumer 等[110]采用 FRBR 方法构建了一般意义的 DCAP 领域模型，该模型包括6类实体：主体（thema）、作品（work）、机构（agent）、表现（expression）、表示方式（manifestation）、件（item），并描述了各实体间的关系，如机构与表现之间的知识产权关系、作品与表现之间的表达关系等。

4.6　科技计划项目元数据框架构建方法的集成应用研究

4.6.1　科技计划项目元数据框架构建方法的综合应用

4.5 节所示的各种具体构建方法有着各自的特点、优势和不足，很难单独满足多视角、多主体、多步骤并具有复杂关系的科技计划项目框架的构建需求。表 4-2 是从原理、视角、应用目标等方面开展的科技计划项目元数据框架构建方法的比较。

表 4-2　不同科技计划项目元数据框架构建方法的比较

名称	原理	视角	应用目标
需求分析方法	面向对象	情景化视角	元数据框架抽象与建模
"文献"保证法			元数据框架质量管理
社会调查法	归纳演绎	社会性视角	
标准化法	协商一致	最优化视角	元数据及 schema 互操作
流程分析方法	系统科学	技术视角	业务元数据构建
复杂系统方法			元数据管理
设计科学研究方法	设计科学	生态视角	元数据框架要素及关系分析
书目记录功能需求方法	书目著录	本体视角	元数据实体-关系构建

安小米[111]通过对知识管理方法集成应用的对象、要素及概念模型的分析，提出集成应用知识管理方法的构想，为有效选用各种知识管理方法提供了参考。科技计划项目元数据框架构建方法的选择，包括战略决策到具体操作的过程，借鉴知识管理集成应用概念模型，构建的科技计划项目元数据框架构建方法集成应用模型如图4-2所示。

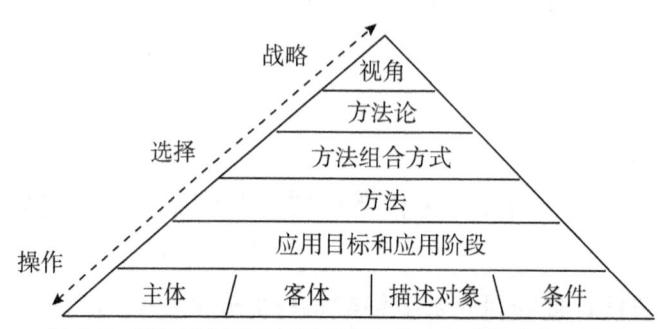

图4-2 科技计划项目元数据框架构建方法集成应用模型

（资料来源：修改自安小米.知识管理方法集成应用[J].情报资料工作，2012（5）：36-39）

图4-2描述了科技计划项目元数据框架构建方法选择的过程及考虑因素，在操作层面应考虑构建的主体（如人、计算机）、客体（如管理元数据、资源级元数据）、描述对象（如科技报告、计划）及条件（已有基础、技术环境等）4个主要因素。元数据构建方法的选择需要是一个从实践到理论，又从战略到操作的可逆过程，其构建方法的选择是观察视角、方法论和方法组合方式等多种因素综合作用的决策过程。

4.6.2 科技计划项目元数据框架集成过程研究

不同类型元数据框架、不同作者描述元数据创建过程非常不同。但是，所有元数据理论和实践者都认为元数据不是一步就能建成的，是多方合作的结果，每一方包括一个或多个任务，涉及不同的角色。

Foulonneau等[112]描述了创建信息资源元数据的3个方面：选择元数据scheme，创建用户指南，生成用于资源的实际元数据文件。作者认

4 科技计划项目元数据框架构建的理论和方法论研究

为选择元数据 scheme 会影响元数据应用目的,因此选择 scheme 是元数据创建的第一步。同时他们认为很多元数据 scheme 指南不完整或比较模糊,需要建立确保元数据应用实践的应用纲要。Haynes[113]描述了元数据创建的 4 个方面:分析元数据需求、选择 scheme、确定受控词表、编码元素值,强调在元数据值分配前建立和选择受控词表。

科技计划项目元数据框架构建是一个复杂的过程,从单个课题到重大专项,从项目指南到评价奖励,科技计划项目很难用单维元数据来呈现出来。科技计划项目元数据框架构建需要按 5.4.2 小节的元数据实体类型,收集计划项目信息(如各种项目申报、结题要求等)、计划项目过程信息(如科研过程、科技政策、标准规范、指南)、评估及保障信息(如科技资源利用、科技评估、奖励)等方面的信息。

5 我国科技计划项目元数据框架构建研究

我国科技计划项目元数据框架构建需要分析结合当前科技管理政策，反映科技计划项目业务特点，满足用户需求。本章将结合上述原则和要求，对我国科技计划项目元数据框架构建进行研究。

5.1 我国科技计划项目元数据框架构建原则研究

5.1.1 当前我国科技计划项目管理的新趋势

党的十八大以来，我国加快了科技体制改革的步伐，近几年来形成了从思想到战略再到行动的完整体系，大量的具体政策和措施为推进科技进步提供了环境保障。在实际操作层面，由"一个制度、三根支柱、一套系统"构成的新的国家科技管理平台已常态化运行，新五类科技计划已初步形成。"十三五"期间，要进一步巩固和完成新五类科技计划体系，通过构建统一的科技管理信息系统等方式，力求实现科技计划项目配置合理、管理高效、协同管理。

针对我国科研资源多主体分配设置的问题，科技部、中科院、国家自然科学基金会、工业和信息化部、农业农村部、卫生健康委、教育部等都有相应的科技计划。各部门科技计划、专项数量较多，部分存在交叉重复现象，2014年3月国务院发布的《关于改进加强中央财政科研项目和资金管理的若干意见》[114]提出了优化整合各类科技计划（专项、基金等）的意见。《关于深化中央财政科技计划（专项、基金等）管理改革

5 我国科技计划项目元数据框架构建研究

的方案》提出按照整体设计、试点先行、逐步推进的原则，经过3年的改革过渡期，到2017年全面完成改革，按照优化整合后的新五类科技计划（专项、基金等）运行（表5-1）。

表5-1 新五类科技计划

计划名称	备注
国家自然科学基金	面向基层研究和科学前沿探索
国家科技重大专项	聚焦国家重大战略产品和产业化目标
国家重点研发计划	针对事关国计民生的重大社会公益性研究，以及事关产业核心竞争力、整体自主创新能力和国家安全的重大科学技术问题
技术创新引导专项（基金）	促进科技成果转移转化和资本化、产业化
基地和人才专项	提升科技创新的基础能力

2016年5月，原有的100多个科技计划现在已经整合了89项，2017年整合完成后，所有的新五类科技计划都通过统一的国家科技管理平台申报，同时在决策层面建立科技部牵头，财政部、国家发展改革委等相关部门参加的科技计划联席会议，负责审议科技发展战略规划、科技计划的布局与设置、战略咨询与综合评议委员会的设立、专业机构的遴选等事项。

同时，我国科技管理近年来强化了科技政策的完善和实施，在科技保密、科技人才、科技奖励等方面都有成套的管理制度和文件。附录B对我国科技人才、奖励和科技计划项目相关信息共享政策进行了统计分析，这些信息共享政策是我国科技计划项目元数据框架的重要政策环境。

5.1.2 我国科技计划项目元数据框架设计需要考虑的几个关键问题研究

赵志全等[115]指出，国外发达国家科技计划项目管理的通常做法是实施决策、管理、咨询与评价相互分离的运行模式。近年来我国加快了科技计划项目的体制机制变革，科技计划项目管理越来越科学化、国际化。因此，我国科技计划项目元数据框架研究应既立足我国实际，又要利用国际先进的理论、技术和应用实践。5.1.2.1 至 5.1.2.3 小节是对在科技计划项目管理实践中，影响元数据框架设计的几个关键问题进行的分析。

5.1.2.1　我国科技计划项目元数据框架应反映科技计划项目全生命周期

Dollar[116]认为，美国电子文件保存可分为 3 个阶段：应急与抢救阶段（关注文件生命周期后端的暂时性方法）、文件信息系统、功能分析与文件生成 / 文件保存系统。其中第 3 阶段是保存电子文件的成熟阶段。而元数据的产生贯穿于 3 个阶段，需要相关方合作，才能产生完整的电子文件保存元数据。

我国科技计划项目的文件（档案）不应该是在总结验收阶段交付的瞬间行为，而应是贯穿其活动全生命周期的持续过程。与此类似，我国科技计划项目元数据框架应基于科技计划项目业务活动全生命周期加以规划、实施和维护。

5.1.2.2　科技计划项目元数据框架应包含科技评价相关信息

科技评估是指[117]政府管理部门及相关方面委托评估机构或组织专家评估组，运用合理、规范的程序和方法，对科技活动及其相关责任主体所进行的专业化评价与咨询活动。科技评估旨在优化科技管理决策，加强科技监督问责，提高科技活动实施效果和财政支出绩效。2016 年 12 月，科技部、财政部、国家发展改革委发布了对科技计划项目评估的《科技评估工作规定（试行）》文件，指出按照科技活动的管理过程，科技评估可分为事前评估、事中评估和事后绩效评估。评估方法应当根据评估对象和需求确定，一般包括专家咨询、指标评价、问卷调查、调研座谈、文献计量和案例研究等定性或定量方法。

科技项目评估方法与项目的性质有很大关系，基础研究项目多采用定性评估方法，技术开发性项目多采用定量评估方法，对不涉密的重大科技项目可采用同领域顶级专家（包括国际专家）等同行评议方法。

科技评估实施过程中应当建立评估工作档案制度，实施"痕迹化"

管理，对评估合同、工作方案、证据材料、评估报告等重要信息及时记录和归档。科技评估结果应确保共享，评估工作信息按照有关规定在国家科技管理信息系统、政府部门官方网站等，对评估工作计划、评估标准、评估程序、评估结果及结果运用等信息进行公开，提高评估工作透明度。

5.1.2.3 科技计划项目元数据框架应反映科技成果转化及影响力

科技成果是指通过科学研究与技术开发所产生的具有实用价值的成果。科技成果转化是指为提高生产力水平而对科技成果所进行的后续试验、开发、应用、推广直至形成新技术、新工艺、新材料、新产品，发展新产业等活动。在我国"创新驱动发展"战略指导下，我国在科技成果转化数据库建设及政策方面都有很多最新的进展。我国科技计划项目元数据框架应反映科技成果转化及影响力的相关信息。

（1）科技成果转化项目库

2011年7月，科技部和财政部联合印发了《国家科技成果转化引导基金管理暂行办法》，明确提出了建立"国家科技成果转化项目库"。根据该办法要求，成果库收集财政性资金支持产生的、可转化的应用型科技成果信息，为转化基金提供可靠的成果来源，创业投资子基金的大部分资金将投向成果库中的科技成果转化实施企业。2014年9月，转化基金正式启动实施。2014年10月，科技部、财政部下发了《关于启动实施国家科技成果转化引导基金有关工作的通知》，明确科技部、财政部委托国家科技风险开发事业中心作为2014—2015年度受托管理机构，承担相应年度转化基金设立创业投资子基金受理申请等日常管理工作；科技部、财政部建立国家科技成果转化项目库，委托中国科学技术信息研究所承担国家科技成果转化项目库信息系统的建设和维护运行工作。当前成果库可按行业（采矿业、制造业、建筑业、金融业、房地产业等）、成果名称及完成单位、所属立项截止年份（1983—2016）、地区等开展检索，成果信息包括成果名称、关键词和成果简介。

（2）科技成果相关政策法规

表5-2是科技成果转化相关政策法规。从表5-2中可以看出，科技

成果转化政策包括国家级（国务院、中共中央办公厅、国务院办公厅）、部委级（自然资源部、中国气象局、工业和信息化部等）、省级（北京市、浙江省等）、市级（深圳市、武汉市、成都市等）及行业级（电力、金融）等。

表 5-2　科技成果转化相关政策法规

类型	重要政策法规	备注
国家级	关于实行以增加知识价值为导向分配政策的若干意见	发挥市场机制的作用，构建科研人员基本工资、绩效工资和科技成果转化性收入的三元薪酬体系
	中华人民共和国促进科技成果转化法	在组织实施应用类科技项目时，应当明确项目承担者的科技成果转化义务，加强知识产权管理，并将科技成果转化和知识产权创造、运用作为立项和验收的重要内容和依据
	促进科技成果转移转化行动方案	规定了开展科技成果信息汇交与发布、产学研协同开展科技成果转移转化、建设科技成果中试与产业化载体、强化科技成果转移转化市场化服务、大力推动科技型创新创业、建设科技成果转移转化人才队伍、大力推动地方科技成果转移转化和强化科技成果转移转化的多元化资金投入共 8 项重点任务
部委级	中国科学院关于新时期加快促进科技成果转移转化指导意见	研究制定科技人员离岗创业管理办法，鼓励科技人员带着科技成果离岗创业
	国防科工局关于促进国防科技工业科技成果转化的若干意见	单位在制定相关规定时应充分听取本单位科技人员意见，并在本单位公开相关规定
	教育部　科技部关于加强高等学校科技成果转移转化工作的若干意见	高校依法对职务科技成果完成人和为成果转化做出重要贡献的其他人员给予奖励，并按不同规定执行

续表

类型	重要政策法规	备注
省级	北京市人民政府关于加快首都科技服务业发展的实施意见	到2020年，全市科技服务业收入达到1.5万亿元，技术合同成交金额达到5000亿元
省级	江苏省促进科技成果转化条例（2010年修正）	企业可以通过依法发行债券、股票或者贷款等办法，筹集用于促进科技成果转化的资金
省级	浙江省加快推进科技成果转化产业化主要政策要点摘编	企业转化成果发生的研发费允许税前加计扣除
市级	深圳经济特区技术转移条例	市科技创新部门应当加强技术转移公共服务平台及其载体建设力
行业级	国家电力公司促进科技成果转化的若干规定	国家电力公司每年适时发布国家电力公司科技成果转化项目指南，国家电力公司科技成果转化项目优先安排和支持下列项目的实施：1.符合国家电力公司科技发展政策和规划，对国家电力公司技术进步有导向和促进作用，市场需求大，有较大发展前景的；2.已通过专家验收、评审或鉴定，先进、成熟、适用，具有显著的经济、社会效益的；3.合理开发和利用资源、节能降耗、安全生产及改善环境的；4.对基建工程缩短工期，降低造价，保证质量有显著效果的；5.利于农村电力发展，并对老、少、边、穷地区社会经济发展有推动作用，促进"电力扶贫共富工程"的

5.1.3 我国科技计划项目元数据框架构建原则

在我国，元数据作为网络环境下科技资源共享技术基础的观点已被很多从业者认同，如国家标本资源共享平台开展的"国家标本资源共享平台元数据建设讨论会"[118]，讨论了物种类标本资源元数据对标准资源共享平台的重要性。赵丽文[119]通过文献类型、文种、国别、地区、学

面向共享的科技计划项目元数据框架

科、机构等元数据,实现了以元数据仓储为核心的自治区产业创新支撑应用服务体系。在数字环境下,为实现资源配置和数据共享,我国科技计划项目元数据框架构建不应采取封闭的、从头建起的方式,而应既要开放合作,广泛吸取国内外的先进思想和理论,又要竞争优化,对复杂丰富的各种元数据技术和方案加以吸收选择。我国科技计划项目元数据框架在构建中,拟采取如下构建原则。

(1)借用国际国内相关元数据研究成果

按照"尽量复用已有元数据原则"借鉴国内外元数据相关成果。如Evans[60]介绍了澳大利亚和美国联合开展的"聪慧文件保存元数据"(clever recordkeeping metadata)项目设计的一个模型,能够将机构已创建的元数据转化为文件保存元数据,以减少相关的工作量;采用分层分类的方法设计元数据。如Niven等认为,项目、资源、文件等不同对象的一般元数据或特定元数据,从基本来说都将提供关于项目或文件的"who,what,when,where and how"等信息。元数据提供的信息应能达到人们通过元数据判断其是否需要所描述的文件或项目的需求。

(2)领域模型构建采用面向对象的E-R模型构建方法

面向对象的E-R模型构建是一种在信息系统应用开发中广泛应用的建模方法。面向对象数据模型是用面向对象观点来描述现实世界实体(对象)的逻辑组织、对象间限制、联系等的模型[120]。E-R模型(实体关系模型)是描述概念世界与概念模型的实用工具。E-R图包括实体、属性、实体之间的联系3个要素,其中实体之间的联系包含一对一联系(1:1)、一对多联系(1:n)、多对多联系(m:n)。许永涛[121]从系统论的观点出发,在对E-R-P建模体系理论深入理解和研究的基础上,给出了基于E-R-P建模体系的政务信息资源元数据模型,并对其特点进行了论述。

(3)元数据术语集来源应为科技计划项目相关政策法规、标准规范、文献资源等

元数据术语包括标签、定义和注释3个属性,DCMI维护的元数据标准术语集是DCMI维护的推荐标准,每一个术语包括以下部分或全部属性:①名称(赋予数据元素的唯一标记);②URI(用于唯一标识该术语的统一资源标识符);③标签(分配给术语的标签);④定义(对术语概

5 我国科技计划项目元数据框架构建研究

念和性质的明确说明）；⑤术语类型（如元素、编码体系等）；⑥状态（由 DCMI 应用委员会分配给术语的状态）；⑦发布日期（术语第一次公布的日期）。科技计划项目元数据术语集采用从相关政策法规、标准规范、文献资源等收集整理的原则，可以确保科技计划项目元数据框架的应用一致性和应用长期有效性。

5.2 科技计划项目元数据框架构建模型研究

我国科技计划项目元数据框架构建过程涉及功能需求分析、领域建模、构建元数据描述集 schema、选择元数据语法及数据格式等阶段，这些阶段的研究过程是迭代的，每个阶段的开始建立在前一个阶段的研究结果基础上，并相互呼应，互相借鉴，形成一个统一的整体。我国科技计划项目元数据框架构建模型如图 5-1 所示。

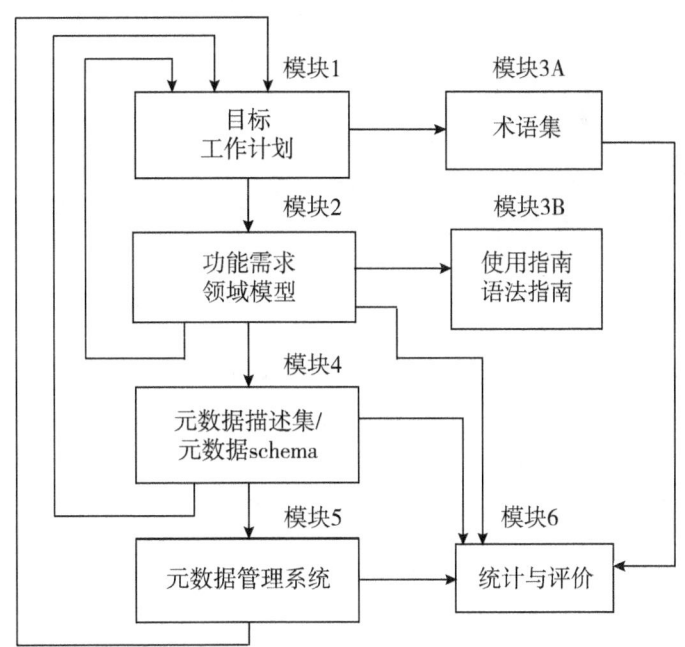

图 5-1　我国科技计划项目元数据框架构建模型

5.3 科技计划项目元数据框架概念模型研究

5.3.1 科技计划项目元数据生命周期要素流模型研究

元数据作为描述数据的数据，本身也是数据，是资源的一种，具有资源生命周期特征。GB/T 25100—2010指出[122]，资源是指任何可标识的对象，资源生命周期是指标识资源发展和使用的一系列事件。面向共享的科技计划项目元数据生命周期是指科技计划项目元数据发展和利用的一系列过程，包括元数据的设计、形成、传播、利用和保存等一系列事件。

科技计划项目元数据生命周期要素流是指在科技计划项目生命周期中，影响生成、利用和质量等过程和管理的可流动要素，包括责任者、传播和业务等具有时空流动性的关键要素流，如图5-2所示。

图5-2中的不同要素有各自的属性特点，其中科技计划项目元数据责任者流是指与科技计划项目元数据生产、管理和利用有关的机构或人员，主要涉及科研申报单位及研究人员、R&D管理机构及人员、信息发布机构及人员、用户等。

图5-2 科技计划项目元数据生命周期要素流模型

科技计划项目元数据传播流涉及元数据的生成、捕获和管理。在科技计划项目共享活动中，元数据随着科技计划项目信息资源的共享而传播，一旦科技计划项目信息资源内容确定后，元数据就应同时确定并尽可能被获取，即使描述对象不能公开，元数据也应尽量公开。科技计划项目共享元数据传播流主要包括捕获包含元数据的编码（一般以XML显示以便自动获取）、多来源元数据收割、元数据检测和保存元数据管理系统等。

科技计划项目元数据业务流涉及业务流程节点的元数据记录、业务系统的元数据功能需求设计等，元数据不仅应在信息资源的创建点进行记录，同时应在科技信息资源共享业务流程和管理系统中持续记录科技信息资源的管理和利用情况。业务流中的元数据不是静态的，而是随时间和过程动态增加的。

5.3.2 科技计划项目元数据框架业务模型研究

ISO 23081-1《信息与文献——文件管理流程——文件元数据》[123]是国际标准化组织 ISO/TC46/SC11 制定的关于文件元数据的国际标准，其中关于文件元数据相关的文件、人员、业务和法规要求 4 类实体及相关关系的元数据概念模型揭示了文件管理业务环境中的元数据概念体系框架。

借鉴 ISO 23081 文件管理概念模型的思想，构建的共享生态环境中科技计划项目元数据实体类型及相关关系概念如图 5-3 所示。根据概念图可进一步分析科技计划项目生态环境中科技政策、责任者、业务对象、元数据管理等实体及其相互关系。

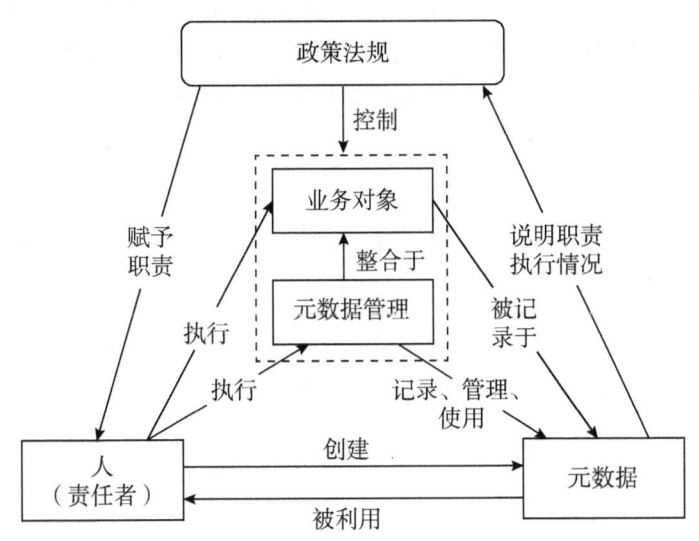

图 5-3 共享生态环境中科技计划项目元数据实体类型及相关关系概念

面向共享的科技计划项目元数据框架

5.4 我国科技计划项目元数据框架组成及结构研究

5.4.1 我国科技计划项目元数据类型分析

对科技计划项目来说,针对科技计划项目新趋势,其元数据框架设计需要考虑近年来科技活动特点及相关的关键问题,如科技计划项目评价问题、产学研用下的元数据对象选取、多层次科技计划项目全过程管理模式及资源共享、多主体参与下的元数据共享与互操作选择、科技计划项目知识产权过程管理、科技计划项目中文件档案全生命周期管理等。这些关键问题的研究对科技计划项目元数据框架的关键要素及核心元数据项的构建具有重要的参考意义。

采用元数据分层分类法,面向共享的科技计划项目元数据框架可分为计划(专项、基金)级元数据、资源级元数据、业务元数据、文件元数据4类。4类元数据的关系如图5-4所示。从图中可以看出,计划(专项、基金)级元数据是科技计划项目元数据的特定类型元数据;资源级元数据分为支撑科技计划项目的条件资源类元数据,如科技人才元数据、金融保障元数据等,以及科技计划项目产生的项目成果类元数据,项目成果按类型可分为文本类成果、数据集类成果和产品类成果;科技计划项目业务元数据和文件元数据则贯穿于科技计划项目整个生命周期过程中。

根据图5-4描述的科技计划项目实体关系类型,科技计划项目元数据实体包括政策法规、责任者、业务对象等。不同类型的科技计划项目元数据描述的实体-关系的重点不同:计划(专项、基金)级元数据侧重责任者、计划类型;资源级元数据侧重业务对象、元数据管理;业务元数据侧重政策法规、科技评估等;文件元数据侧重对业务活动文件管理全过程进行描述和应用,包括所处阶段、所处系统环境、负责机构、获取权限等。

5 我国科技计划项目元数据框架构建研究

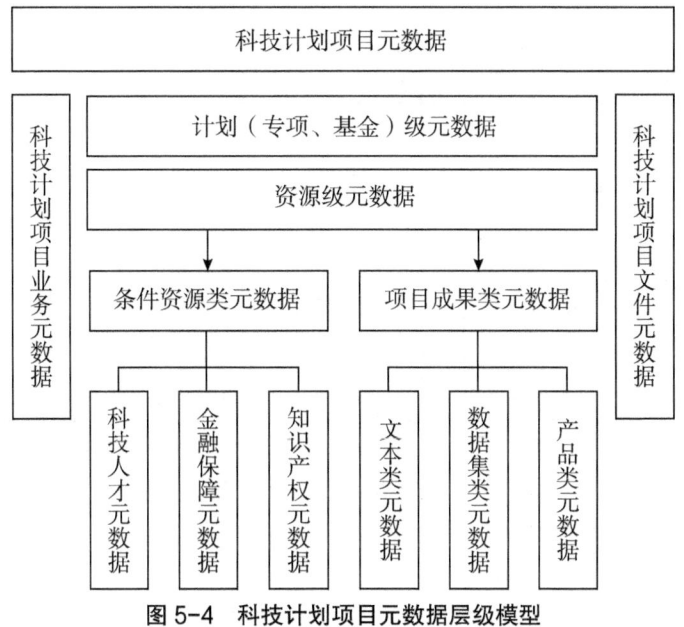

图 5-4 科技计划项目元数据层级模型

5.4.2 我国科技计划项目元数据实体分析

（1）我国科技计划项目元数据实体类型分析

ISO/IEC 11179-1[124]对实体的描述为：实体（entity）是指任何存在、业已存在或即将存在的有形或无形的事物，包括这些事物间的关联。

参照 ISO 23081-2[125]的多实体模式，结合国家科技计划项目业务特点，将科技计划项目元数据实体划分为项目实体、文件实体、业务实体、责任者实体、授权实体和成果实体 6 大类。其类型及含义如表 5-3 所示。

表 5-3 科技计划项目元数据实体类型

中文名称	英文名称	含义
项目实体	project entity	以科技计划项目为描述对象的元数据集合
文件实体	records entity	描述任一聚合层级的科技计划项目文件本身的元数据集合

77

续表

中文名称	英文名称	含义
业务实体	business entity	描述国家科技计划项目活动或过程的最小单元的元数据集合
责任者实体	agent entity	科技计划项目中履行相关职能的个人及组织的元数据集合
授权实体	mandate entity	规定科技计划项目活动的方法、顺序和结果的指令、政策或法规的元数据集合
成果实体	outcome entity	描述科技计划项目的战略性成果的元数据集合

根据表5-3，可以进一步分析科技计划项目元数据实体及实体间的相互关系，如图5-5所示。

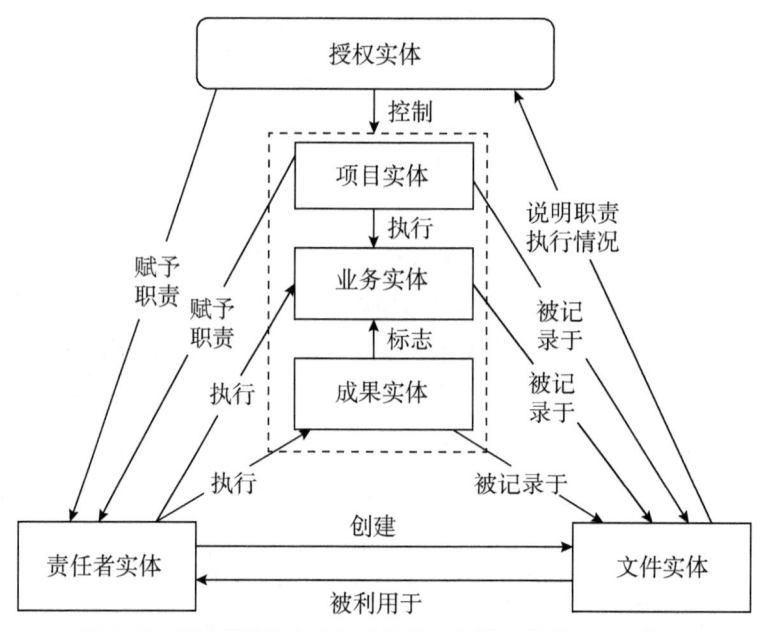

图5-5 国家科技计划项目元数据实体及实体间的相互关系

图5-5所示的实体图形可根据元数据构建目标及元数据描述特点而变形为不同的形状，如转化为"以科技计划项目文件为中心"的扁平化实体模型的实施，可以将其他相关实体的必要信息涵盖（图5-6）。

5 我国科技计划项目元数据框架构建研究

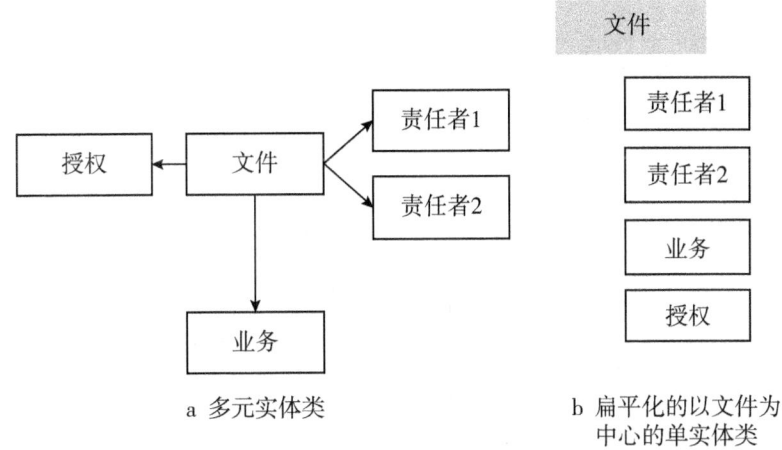

a 多元实体类　　　　　　b 扁平化的以文件为
　　　　　　　　　　　　　中心的单实体类

图 5-6　多元实体类与扁平化单实体类的转换

（2）我国科技计划项目元数据实体聚合方案

科技计划项目元数据项或多项元数据项聚合层次可根据表 5-4 所示的六大实体来进行聚合。实际操作时可根据具体采用的元数据元素描述方法与下文的元数据项及多项元数据项聚合层次相对应。

表 5-4　科技计划项目元数据实体

元数据		描述
项目实体元数据	名称	根据科技计划项目特点包括项目名称、课题名称、子课题名称等
	编号	专项编号、项目编号、课题编号等
	简介	项目情况的主要介绍
	开始日期	项目正式起始时间
	结束日期或预期持续时间	结项时间或在研的预期完成时间
	预期目标	项目预期目标
	资金来源及构成	资金来源及组成
	主要研究人员	项目参与人员及承担任务
	组织方式	项目协同、多级管理等

续表

	元数据	描述
文件实体元数据	聚合层次	包括案卷、文件、析出文件等
	来源	在线存址和离线存址
	标识符	包括电子文件号、档号等
	内容描述	文件名称、责任者、主题词、人名、摘要、文件编号、日期、密级等
	形式特征	包括文件组织类型、件数、页数等
	保藏方式	在线或离线，在线需要描述文件格式、关联信息系统等
	签名	电子签名需要有签名人及证书、签名时间等，纸质盖章需要有印章名称及纸质签名人员姓名
	权限管理	知识产权说明、授权行为、控制标识等
责任者实体元数据	责任者名称	个人、机构名称
	责任者角色	项目承担单位、课题承担单位；项目负责人、课题负责人、审计人、主要研究人员；项目工作组、审计代理机构、产业化机构等
	责任者信用信息	确保信用的机构信用代码，如组织机构代码；个人职称职务、研究方向、承担任务等
	责任者隶属	个人工作单位、机构主管部门等
授权实体元数据	授权名称	国家科技重大专项活动的业务规定、政策、法规等
	授权类型	规章、发文等
	发布日期	实施授权的正式发布时间
业务实体元数据	业务状态	描述科技计划项目档案形成、处理和管理等业务行为的时态，包括但不限于研究准备、立项、研究、验收、成果和产业化推广等阶段
	业务行为	履行科技计划项目业务及管理的具体行为。业务：延期、变更；管理：归档登记、修改、撤销、格式转移、解密、封装

续表

元数据		描述
业务实体元数据	行为时间	实施具体业务行为的时间或时间段
	行为依据	实施具体业务行为的依据、授权或原因
	行为描述	行为开始前状况及行为结束后状况，业务活动过程、方法等
成果实体元数据	成果类型	技术报告、论文、标准、新产品等
	成果标识符	新产品编号、专利号等

5.4.3 我国科技计划项目几类典型元数据研究

5.4.3.1 科技计划项目元数据——以科技计划项目计划（专项、基金）级元数据为例

计划（专项、基金）级元数据主要包括描述实体元数据（计划类别、计划名称、计划管理机构、计划开始日期等）和关系实体元数据（计划专家库、计划重要成果、计划属性等）两类。其中，描述实体元数据主要对科技计划（专项、基金）的内容、属性及特征进行描述，关系实体元数据是指反映科技计划（专项、基金）的管理内部结构、计划（专项、基金）的专家（机构）结构等类型的元数据。

科技计划项目计划（专项、基金）级元数据简表如表5-5所示。

表5-5 科技计划项目计划（专项、基金）级元数据简表

元素集	元素	限定元素	示例
1 描述实体元数据	1.1 计划（专项、基金）名称	1.1.1 正式名称	国家杰出青年科学基金
		1.1.2 简称	杰青

续表

元素集	元素	限定元素	示例
1 描述实体元数据	1.2 计划（专项、基金）组织者描述	1.2.1 组织者名称	国家自然科学基金委员会
		1.2.2 组织者简称	自然科学基金会
		1.2.3 组织者职责	科技部、中央军委装备发展部；863计划组织实施部门
		1.2.4 组织者权限	科技部在973计划中的权限：①制订计划发展规划；②制定实施细则及相关管理规定；③组建计划专家顾问组、领域专家咨询组和重大科学研究计划专家组；④编制年度工作计划，发布申报指南；⑤建立被选项目库，负责项目申报受理、评审评估、立项、结题验收；⑥负责计划实施过程中的调整、协调、监督；⑦建立国家科技计划管理信息系统
	1.3 计划（专项、基金）规划	1.3.1 名称	国家基础研究发展"十二五"专项规划
		1.3.2 发布文号	国科发计〔2012〕115号
		1.3.3 发布机构	科技部、国家自然科学基金委员会
		1.3.4 发布日期	2012年2月17日
	1.4 计划（专项、基金）管理办法	1.4.1 名称	国家重点基础研究发展计划管理办法
		1.4.2 发布文号	国科发计〔2011〕626号
		1.4.3 发布机构	科技部
		1.4.4 发布日期	2011年11月21日

5 我国科技计划项目元数据框架构建研究

续表

元素集	元素	限定元素	示例
1 描述实体元数据	1.5 计划（专项、基金）申报指南	1.5.1 名称	国家科技支撑计划第二批项目申报指南
		1.5.2 发布文号	国科发计〔2014〕148号
		1.5.3 发布日期	2014年6月5日
		1.5.4 发布机构	科技部
		1.5.5 联系方式	能源领域：010-5888××××
	1.6 计划（专项、基金）管理信息系统	1.6.1 管理信息系统名称	山东省科技计划管理信息系统（试用版）
		1.6.2 管理信息系统网址	http://jihlx.sdstc.gov.cn/STDPMS/ZR/Default.aspx
		1.6.3 管理信息系统维护机构	山东省科学技术厅
		1.6.4 管理信息系统功能模块	计划简介、项目申报、中期检查、结题验收
2 关系实体元数据	2.1 计划（专项、基金）类型	2.1.1 管理部门分类类型	科技部计划项目、社科基金、自然科学基金
		2.1.2 主题分类类型	辽宁省科技计划主题分类：基础研究层次计划、科技攻关层次计划、科技产业化层次计划、科技创新环境建设层次计划
		2.1.3 支持领域类型	基础领域：973计划；高技术领域：863计划
	2.2 计划（专项、基金）编号类型	2.2.1 计划编号	863、973
		2.2.2 申报编号	863：AA
	2.3 计划（专项、基金）管理类型	2.3.1 计划（专项、基金）管理层次	863计划：领域→项目→课题；973计划：重大项目→课题

续表

元素集	元素	限定元素	示例
2 关系实体元数据	2.3 计划（专项、基金）管理类型	2.3.2 计划（专项、基金）项目类型	863 计划：主题项目、重大项目
		2.3.3 计划（专项、基金）管理活动类型	发展规划制定
			战略研究
			管理办法制定
			申报指南发布
			项目申报受理、评审评估、立项、结题验收过程管理
			建立计划管理信息系统
	2.4 计划（专项、基金）专家类型	2.4.1 专家组类型	计划专家顾问组，如 973 计划专家顾问组
			领域专家咨询组，如 973 领域专家咨询组
			重大科学研究计划专家组，如 973 重大科学研究计划专家组
		2.4.2 办公室类型	计划联合办公室，如 863 计划联合办公室
			领域办公室，如 863 领域办公室
			相关中心，如 863 组织实施部门相关中心
		2.4.3 计划专家委员会	863 计划专家委员会
		2.4.4 主题专家组	863 主题专家组
		2.4.5 同行专家	973 项目同行专家
		2.4.6 项目承担者类型	项目首席科学家
			项目专家组

续表

元素集	元素	限定元素	示例
2 关系实体元数据	2.5 计划（专项、基金）过程活动类型	2.5.1 实施制度类型	回避制度
			保密制度
			公示制度
			信用制度
			责任追究制度
			年度报告制度
			中期评估制度
		2.5.2 立项评审类型	初评
			复评
			进入被选项目库
			综合咨询
		2.5.3 结题验收类型	课题验收
			项目验收

科技计划项目计划（专项、基金）级元数据的语义结构包括元数据元素及修饰词的属性定义、元数据元素的属性提取及规范化描述等。借鉴《科技报告元数据规范》（GB/T 30535—2014）及电子文件元数据标准[126]中对元数据属性选项，科技计划项目计划（专项、基金）级元数据的语义结构可采用如下 8 个属性来描述：① 元素名（name），元素名称，用于计算机处理的唯一标记；② 标签（label），用于人类阅读的元数据描述名称；③ 定义（definition），对元数据元素的概念解释；④ 限定（refines），对现有的元素进行细化或限定；⑤ 取值范围（refined by），表示元素的取值允许范围，有可能从编码体系中进行取值；⑥ 用途（purpose），对元素的使用功能进行描述；⑦ 频次范围（occurrence），采用区间表示方法[min，max]，表示元素使用的频次范围，包含了对元素必备性和可重复性的描述，min=0 表示可选，min=max=1 表示元素必备，且不可重复；⑧ 信息源

（defined by），元素取值的信息来源。表5-6是对表5-5的科技计划项目计划（专项、基金）级元数据简表开展语义结构描述的示例。

表5-6　科技计划项目计划（专项、基金）级元数据语义结构描述示例

1. 描述实体（description entity）

1.1 计划（专项、基金）名称

元素名：program（special project, fund）title
标签：计划（专项、基金）名称
定义：科技计划（专项、基金）的具体名称
限定：科技计划（专项、基金）简称
取值范围：[计划（专项、基金）名称、计划（专项、基金）名称缩写、计划（专项、基金）英文名称等]
用途：用于识别和发现科技计划（专项、基金），便于检索和获取相关信息
频次范围：[1,∞]
来源：科技计划项目网站、科技计划指南等

1.2 计划（专项、基金）组织者

元素名：program（special project, fund）manager
标签：计划（专项、基金）组织者
定义：科技计划（专项、基金）的管理机构
限定：组织者名称、组织者简称、组织者职责、组织者权限
取值范围：[组织者名称、组织者名称缩写、组织者英文名称等]
用途：便于项目申请者熟悉、了解和申请相关项目
频次范围：[1,∞]
来源：科技计划项目网站、科技计划指南等

1.3 计划（专项、基金）规划

元素名：program（special project, fund）plan
标签：计划（专项、基金）
定义：为保证科技计划（专项、基金）的阶段目标而制定的一定时间（如5年）周期的规划
限定：规划名称、发布文号、发布机构、发布日期
取值范围：[规划名称、规划简称等]
用途：便于项目申请者熟悉、了解和申请相关项目，方便计划（专项、基金）信息的检索和搜索
频次范围：[0,1]
来源：项目管理者制定的相关规划

续表

1.4 计划（专项、基金）管理办法

元素名：program（special project, fund）regulation
标签：计划（专项、基金）管理办法
定义：为保证科技计划（专项、基金）的顺利实施而制定的对计划（专项、基金）全生命周期的规范化、科学化管理的相关规定
限定：办法名称、发布文号、发布机构、发布日期
取值范围：[办法名称、办法简称等]
用途：便于项目申请者熟悉、了解和申请相关项目，方便计划（专项、基金）信息的检索和搜索
频次范围：[0,1]
来源：项目管理者制定的相关管理办法

1.5 计划（专项、基金）申报指南

元素名：program（special project, fund）guide
标签：计划（专项、基金）申报指南
定义：为方便项目申请者了解科技计划（专项、基金）的资助重点、申报程序等相关信息，而制定的计划（专项、基金）申报指南
限定：指南名称、发布文号、发布日期、发布机构、联系方式
取值范围：[指南名称、指南简称等]
用途：便于项目申请者熟悉、了解和申请相关项目，方便计划（专项、基金）信息的检索和搜索
频次范围：[0,1]
来源：项目管理者制定的相关申报指南

1.6 计划（专项、基金）管理信息系统

元素名：program（special project, fund）center
标签：计划（专项、基金）管理信息系统
定义：为实现计划（专项、基金）全生命周期管理而开发的信息系统
限定：指南名称、发布文号、发布日期、发布机构、联系方式
取值范围：[信息系统名称、信息系统简称、信息系统网址等]
用途：用于项目申请者申请相关项目和上传规定文档，以及项目管理者发布相关项目要求，方便计划（专项、基金）信息的检索和搜索
频次范围：[0,1]
来源：计划/基金管理网站

续表

2 关系实体（relation entity）

2.1 计划（专项、基金）类型

元素名：program（special project, fund） type
标签：计划（专项、基金）类型
定义：根据不同属性和目的而人为设置的计划（专项、基金）类别
限定：管理部门类型、主题类型、支持领域类型
取值范围：[计划（专项、基金）名称、计划（专项、基金）管理部门等]
用途：方便计划（专项、基金）的对口申请、信息统计、高效管理等
频次范围：[0,∞]
来源：计划（专项、基金）名称、计划（专项、基金）编号等

2.2 计划（专项、基金）编号类型

元素名：program（special project, fund） number type
标签：计划（专项、基金）编号类型
定义：根据不同属性和目的而人为设置的计划（专项、基金）编号
限定：计划（专项、基金）编号、计划（专项、基金）申报编号
取值范围：
用途：方便计划（专项、基金）的对口申请、计算机管理等
频次范围：[0,1]
来源：计划（专项、基金）名称、计划（专项、基金）编号等

2.3 计划（专项、基金）管理类型

元素名：program（special project, fund） management type
标签：计划（专项、基金）管理类型
定义：在计划（专项、基金）管理活动中，管理者根据不同目的、不同性质而人为划分的计划（专项、基金）本身或其管理活动类型
限定：计划（专项、基金）管理层次、计划（专项、基金）项目类型、计划（专项、基金）管理活动类型
取值范围：
用途：方便计划（专项、基金）的对口申请、计算机管理等
频次范围：[0,∞]
来源：计划（专项、基金）管理办法、计划（专项、基金）申报指南等

续表

2.4 计划（专项、基金）专家类型

元素名：program（special project, fund）expert type
标签：计划（专项、基金）专家类型
定义：在计划（专项、基金）管理活动的不同层级、不同阶段担任专家角色的科技工作者或其团体
限定：顾问组、领域办、同行专家、首席专家等
取值范围：
用途：方便计划（专项、基金）的有效组织和管理等
频次范围：[0, ∞]
来源：计划（专项、基金）管理办法、计划（专项、基金）申报指南等

2.5 计划（专项、基金）过程活动类型

元素名：program（special project, fund）process activity type
标签：计划（专项、基金）过程活动类型
定义：在计划（专项、基金）全生命周期管理中，根据不同性质和目的而人为划分的活动类型
限定：实施制度类型、立项评审类型、结题验收类型
取值范围：
用途：便于项目规范化管理，以及公众了解项目相关管理信息
频次范围：[0, ∞]
来源：计划（专项、基金）管理办法、计划（专项、基金）申报指南等

5.4.3.2 科技计划项目业务元数据①——以过程管理业务为例

科技计划项目业务元数据伴随科技计划项目过程管理中的业务流而产生、流动和共享，业务元数据记录关键业务节，反映业务系统的功能需求。

科技计划项目业务元数据设计步骤：①参考科技计划项目相关政策法规、标准规范等，预选科技计划项目业务信息词汇；②根据科技计划项目业务流程，分析各个基本管理环节的工作流程，构建面向关系的科技计划项目 E-R 设计模型；③结合科技计划项目业务模型，构建反映业

---

① 对应国家重大科技专项中的事件元数据实体（event entity）。

务信息系统功能需求的业务元数据。

科技计划项目需求分析采用实体关系 E-R 研究方法。E-R 图（entity relationship diagram）是表示实体类型、属性和联系，用来描述现实世界的概念模型图。E-R 图包括 4 个主要成分（图 5-7）。

图 5-7　E-R 图的主要成分

科技计划项目 E-R 关系采用信息系统常见的需求分析方法，确定科技计划项目在申报、过程管理、结题、应用 4 个基本阶段的实体、关系及属性。

科技计划项目过程管理业务阶段实体及关系主要分如下 3 类（图 5-8）：参与者（项目申请者、项目管理者）、活动（中期审查、年度报告、调整项目重大事项）及服务（科普信息、阶段性成果发布）。

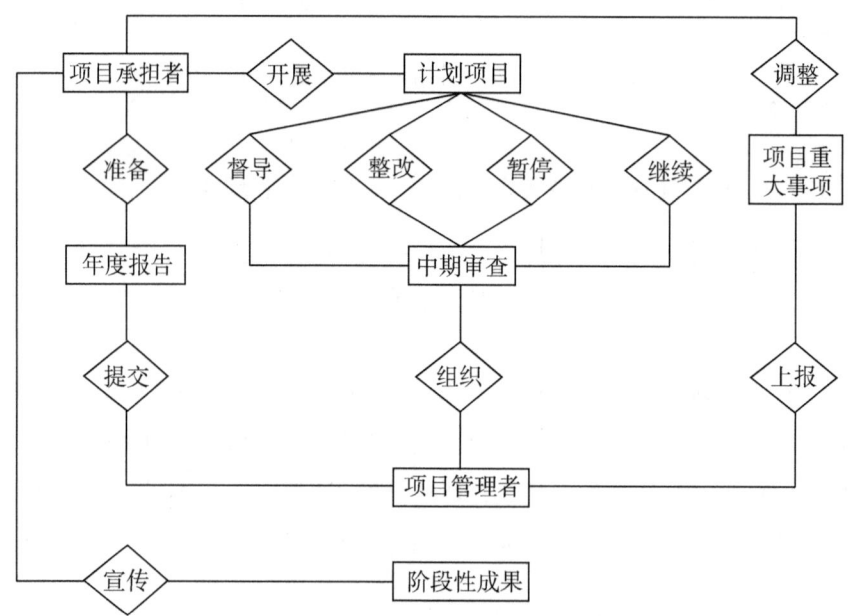

图 5-8　科技计划项目过程管理 E-R 图

5 我国科技计划项目元数据框架构建研究

具体的实体及属性如下。

① 项目承担者

实体名	项目承担者
说明	按照批准的计划项目任务要求，开展研究活动的人员
属性	姓名；所在单位；通信地址；职称；电子邮件；电话号码

属性名	姓名
说明	项目申请者的姓名
从属的实体	项目申请者

属性名	所在单位
说明	项目申请者的任职单位
从属的实体	项目申请者

属性名	通信地址
说明	联系项目申请者的有效通信地址
从属的实体	项目申请者

属性名	职称
说明	项目申请者的专业技术职务
从属的实体	项目申请者

属性名	电子邮件
说明	项目申请者的有效电子邮件
从属的实体	项目申请者

属性名	电话号码
说明	用于联系项目申请者的有效电话号码
从属的实体	项目申请者

② 项目管理者

实体名	项目管理者
说明	科技计划各专项主管部门及相关人员
属性	类型；姓名；所在单位；联系方式

属性名	类型
说明	项目管理者的类型，如计划（课题）领域联系者、信息系统管理者
从属的实体	项目管理者

属性名	姓名
说明	项目管理者的姓名
从属的实体	项目管理者

属性名	所在单位
说明	项目管理者的任职单位
从属的实体	项目管理者

属性名	联系方式
说明	用于联系项目管理者的有效信息，如通信地址、电话号码、邮箱等
从属的实体	项目管理者

③ 计划项目

实体名	计划项目
说明	由项目申请者提交的、获得计划管理部门批准的科技计划项目
属性	计划领域；年度；项目编号；项目名称

属性名	计划领域
说明	批准的科技计划项目所属计划及专业技术领域
从属的实体	计划项目

5 我国科技计划项目元数据框架构建研究

属性名	年度
说明	批准的科技计划项目所属年度，如 2013 年度
从属的实体	计划项目

属性名	项目编号
说明	科技计划项目的批准项目编号
从属的实体	计划项目

属性名	项目名称
说明	科技计划项目的批准项目名称
从属的实体	计划项目

④ 年度报告

实体名	年度报告
说明	项目执行周期内，按年度编制的工作进展总结报告
属性	报告名称；报告编号；报告撰写者

属性名	报告名称
说明	年度报告的名称，可包括项目名称项目，但需要在其后加××××年度报告
从属的实体	年度报告

属性名	报告编号
说明	年度报告的名称，应是在项目编号后加斜线，后接本报告在所有报告中的顺序号
从属的实体	年度报告

属性名	报告撰写者
说明	编制年度报告的人员
从属的实体	年度报告

⑤ 中期审查

实体名	中期审查
说明	项目主管部门对实施周期过半的项目进行组织、进展、成果等检查
属性	中期

属性名	中期
说明	项目实施周期过半的时期，如5年期项目的第3年、4年期项目的第2年
从属的实体	中期审查

⑥ 重大事项

实体名	重大事项
说明	项目执行过程中，需要做较大调整的事项
属性	项目任务调整；项目人员调整；项目协作单位调整；项目延期验收

属性名	项目任务调整
说明	对项目任务书中的研究内容进行调整
从属的实体	重大事项

属性名	项目人员调整
说明	项目/课题负责人或参与人员的变更调整
从属的实体	重大事项

属性名	项目协作单位调整
说明	项目参与协作单位的变更调整
从属的实体	重大事项

属性名	项目延期验收
说明	项目验收日期后延的变更调整
从属的实体	重大事项

5 我国科技计划项目元数据框架构建研究

⑦ 阶段性成果

实体名	阶段性成果
说明	项目进展过程中取得的研究成果
属性	类型

属性名	类型
说明	指阶段性成果的类别,如技术成果、应用成果等
从属的实体	阶段性成果

具体关系及其属性如下。

① 开展

实体名	开展
说明	项目申请者按照任务书的目标,开展研究活动的过程

② 准备

实体名	准备
说明	项目申请者按照要求,在每年年底对上年度的工作进展梳理总结,形成报告

③ 督导

实体名	督导
说明	中期检查过程中,对实施不力的计划项目提出加强监督指导的改进措施

④ 整改

实体名	整改
说明	中期检查过程中,对存在违规行为的计划项目责令限期整改的处理意见

⑤ 暂停

实体名	暂停
说明	中期检查过程中,对存在违规严重的计划项目要求暂时停止的处理意见

⑥ 继续

实体名	继续
说明	通过中期检查，对计划项目继续开展研究的检查结果

⑦ 调整

实体名	调整
说明	在项目执行过程中，对项目任务、参与者及验收等重大事项做出变更的举动

⑧ 上报

实体名	上报
说明	在项目执行过程中，针对重大事项按程序报项目管理者批准的过程

⑨ 提交

实体名	提交
说明	项目申请者按要求将年度报告提交给项目管理者的过程

⑩ 宣传

实体名	宣传
说明	项目承担者总结项目阶段性成果，并向社会公众进行广泛宣传的行为

5.4.3.3 科技计划项目成果元数据——以科技报告元数据为例

科技报告是不公开发行的灰色文献，属于政府出版物的范畴（政府出版物是指政府经费支持的或法律要求的，以单行本发行的文献）。科技报告以积累、传播和交流为目的，在知识存量的基础上实现集成创新和原始创新，是知识经济时代公共信息再利用的重要方面。

美国是科技报告制度建设最完备的国家。美国 NTIS 是负责科技报告发行的专门机构。在美国，科技报告元数据主要涉及 3 种场景：科技报告数据库元数据、科技报告提交公告元数据及科技报告撰写元数据。

《国家科技计划科技报告管理办法》[127]对国家科技计划、专项、基金等产生的科技报告，从职责分工、工作流程、开放共享、保障条件等

5 我国科技计划项目元数据框架构建研究

各个方面进行了具体规定。贺德方[128]指出，科技报告产生于不同的部门和单位，为确保科技报告资源共享和兼容整合，提高科技报告的整体利用效率，需要纵向满足各部门各地区业务流程的需求，横向满足不同类型资源的管理要求。科技报告元数据标准作为科技报告制度建设总体框架之一，其框架应需要满足各级科技人员、科研管理人员、信息管理人员在不同需求场景、不同业务流程的具体要求。

《美国能源部2015—2019年战略计划》[129]指出，OSTI将确保定期增加可检索的多媒体科技信息资源，视频、在线会议和音频科技信息资源正越来越普遍，同时，传统的"文章"定义正由于多媒体嵌入传统文本产品而发生改变。OSTI国家实验室作者和研究机构使用E-Link提交系统[130]提供元数据和全文链接，科研成果包括文本、音视频、数字等多种媒介格式，STI产品包括技术报告、会议论文和PPT、期刊论文、学位论文、科技计算机软件、视频、项目文件和工作论坛报告、公开获取的科学研究数据库、视频格式（可以自动下载和检索：WMA、WMV、MPEG、MP2、MP3、MP4；不能自动下载和检索：ASF、AVI、Apple Core Vidio、DV Core Video、Adobe Flash、QuickTime and Real Media）等。

科技报告元数据概念框架如图5-9所示。

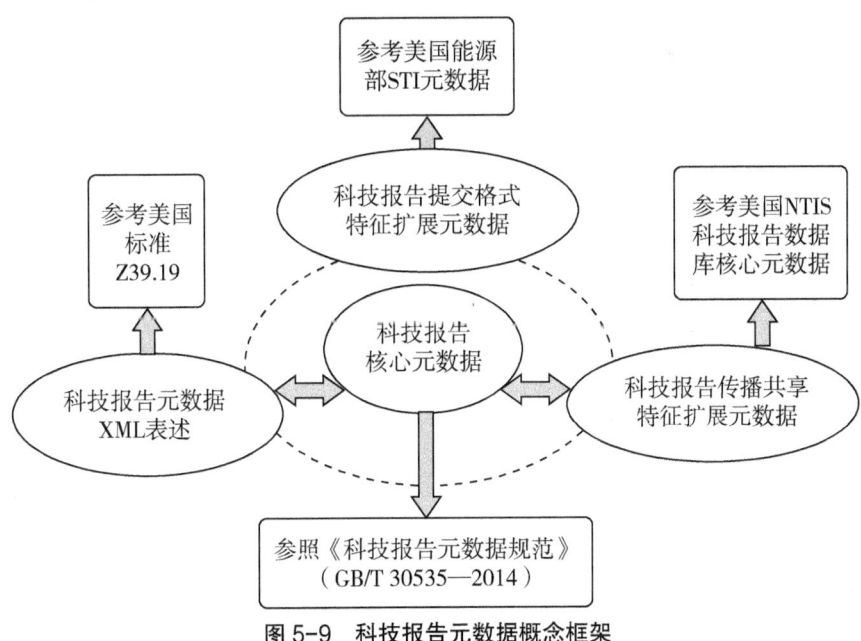

图5-9 科技报告元数据概念框架

6 科技计划项目元数据框架维护研究

元数据框架维护是元数据生命周期和元数据管理的重要环节,本章从元数据框架评价理论、元数据框架评价指标和元数据框架评价方法3个方面对元数据框架评价进行研究,开展社会化调查,提供元数据框架维护的方法论,并从元数据框架质量管理模型及框架维护策略研究探讨元数据框架维护技术环境。

6.1 科技计划项目元数据框架评价研究

6.1.1 科技计划项目元数据框架评价理论

(1)投入产出理论

对于企业或组织来说,任何投入都必须有回报,投入产出理论是对各种错综复杂的经济活动之间在数量上的相互依赖关系进行经验研究。衡量元数据框架的投入产出比可以用投资回报率(return on investment,ROI)来分析构建元数据框架所带来的回报程度。在信息化投资领域,回报主要体现在收入增加和成本降低两个方面,因此ROI可以简单描述为:$ROI=$(节省的成本+增加的收益)/方案投资,或$ROI=$回报/在规定的时间内的投资总额。但在元数据领域,由于创建元数据而实现的节约成本、增加收益是很难量化的,因此ROI很难计算和量化。尽管如此,当前已有关于元数据投资利润率评价的模型(或系数)构建的研究。Mchugh[131]构建了关于元数据成熟度与企业目的的简单关系模型,该模

6 科技计划项目元数据框架维护研究

型描述了元数据性能与企业利益之间的关系,并将 ROI 效益分为活动基准(个人任务)、业务过程基准(改变企业行为方式)、竞争基准(战略优势)3类,用此3类指标来评价元数据价值及改进元数据性能。Marco[132]从支持决策系统的元数据库视角研究元数据 ROI,建立了元数据价值随合作和复杂度而增加的关系曲线。科技计划项目元数据框架的 ROI 可以从3个方面进行考虑:①行动准则(如个人完成的科技成果获取等任务);②业务过程准则(改善科技计划项目管理);③竞争力准则(战略优化)。进而提出定性或定量指标。

(2)决策支持理论

元数据作为数据建设的重要基础设施,在组织内提供信息并支持决策决定。决策理论(decision theory)是将系统理论、运筹学、计算机科学等综合运用于管理决策问题而形成的有关决策过程、准则、类型及方法的理论。元数据作为决策支持过程中的基础设施,一般作为决策支持新型平台的组成部分,通过情景化数据(元数据实现场景),提供业务术语定义,避免因误判数据含义而做出错误决策。如赵忠诚等[133]通过建立城市水环境决策系统应用中的基础元数据和业务元数据,使决策系统的数据灵活起来,实现查询分析、报表统计、数据填报、审核上报、配置管理、预警处理等功能,使决策信息平台具有了长久的运行生命力。何斌[134]通过将元数据描述的对象"数据"拓展到防汛会商决策支持系统任意层次的资源对象,研究系统内各个层次资源信息的元数据,如数据元数据、数据库元数据、模型方法元数据和系统模块元数据的定义及描述标准框架体系结构,对决策支持系统中的各类元数据进行获取、检查、转换、存储、处理和应用等元数据生命周期管理。科技计划项目元数据框架的决策支持指标可从3个方面进行考虑:①相关机构需要高质量数据来应对不同环境需求及决策支持;②元数据促进科技计划项目管理过程的管理结构化和知识显性化,转变管理模式;③面向半结构化和结构化的决策问题,实现定性与定量结合的决策环境和决策活动。进而提出定性和定量指标。

(3)资源共享理论

科技计划项目元数据作为科技计划项目信息资源共享的重要技术基

础，是确保信息资源共享效用的重要模式和手段。信息资源共享的效用可从信息资源的体量性、有用性和增值性等方面来考虑，如马费成等[135]认为，信息资源共享问题的基本模型基于如下假设：一是信息资源足够多，并且都是有用信息资源，而所有用户都只占有信息资源总量中很小的一部分；二是每个用户都不希望在信息资源共享的过程中遭受损失，否则用户就不会参与信息资源共享。科技计划项目元数据框架的资源共享指标可从3个方面进行考虑：①科技计划项目元数据具有规范性和标准化示范效应，作为一种公共物品能被多个用户和用户群共享使用；②由于元数据对科技计划项目语义描述的准确性和互操作性，用户获取科技计划项目成果资源和相关信息的数量极大增加，搜寻成本和等待时间极大减少；③科技计划项目元数据共享带来的网络效应能使科技计划项目相关资源实现增值，并能带来更多的商业机会。

6.1.2　科技计划项目元数据框架评价指标研究

邵强等[136]认为，指标体系构建原则有两种典型表述：一是全面、不重叠和指标易于取得；二是科学性、合理性和适用性。构建指标体系的步骤包括确定评价目标、考察评价要素；确定要素覆盖率、要素重复率和指标集难度因数的权重；分解评价对象，建立评价要素集；确定各要素的权重；建立指标集；确定指标与评价要素的关系等。

科技计划项目元数据框架评价指标构建的目的是以评价指标为工具，对元数据框架所提供的服务、各组成部分及开展活动的质量和效益进行评估。《信息与文献 图书馆绩效指标》[137]指出，一项图书馆绩效指标必须经过全面测试、验证并（最好是）在文献中经过充分的论证。因此，科技计划项目元数据框架的评价指标首先应调查元数据领域的相关评价指标。

当前元数据领域开展的评价研究主要集中在元数据质量评价和元数据应用纲要评价两个方面。在元数据质量评价方面，林爱群[138]认为，评价元数据质量有Stvilia & Gasser和Bruce & Hillman两种常用的框架指标体系。Ochoa[139]对 Margritopoulos 等、Bruce & Hillman、Stvilia & Gasser 提出的3类元数据质量评价体系进行了比较分析，并进行了相互映射，如图6-1所示。

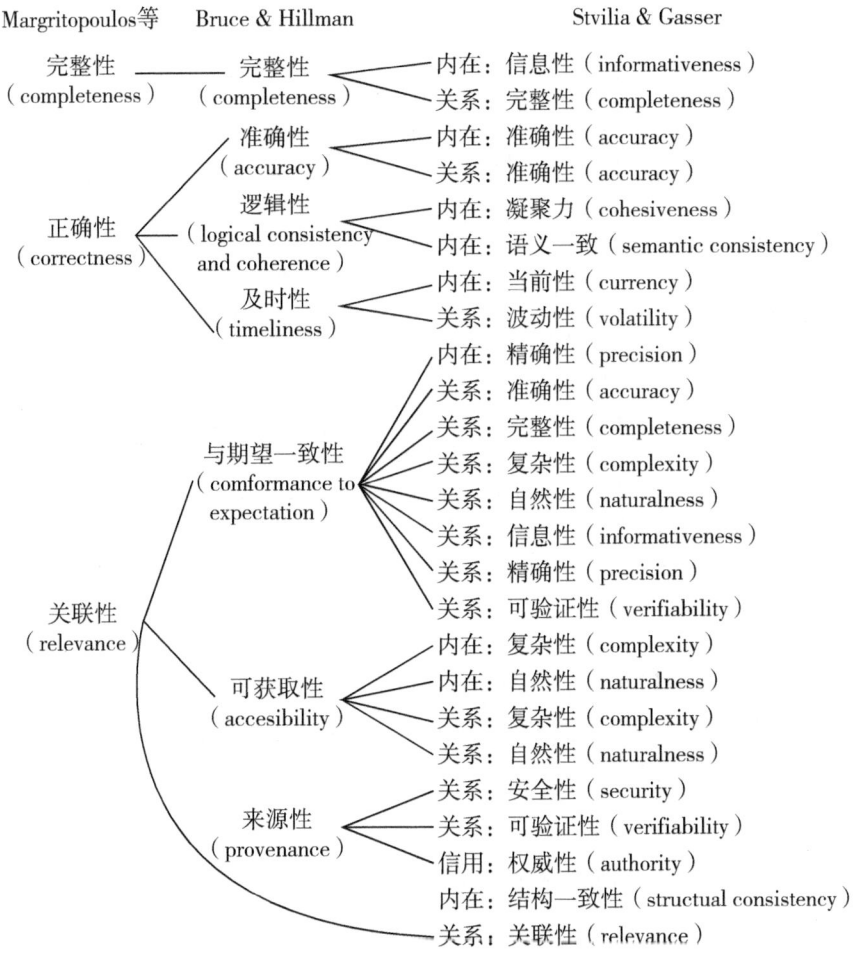

图6-1 三种元数据质量评价框架的映射

（资料来源：OCHOA X. Metadata quality [M] // SICILIA M A. Handbook of metadata, semantics and ontologies. SICILIA: World Scientific Publishing Co. Pte. Ltd., 2014: 63-73）

当前元数据应用纲要的评价主要采用面向专家的社会调查评价方法。Palavitsinis 等[140]认为，对元数据应用纲要的评价可以对某些要素进行重新设计，增加术语价值等，并梳理了文献中对特定领域元数据应用纲要评价的研究，如表 6-1 所示。

表 6-1 关于元数据应用纲要评价的研究

研究者	研究年度	应用领域	参与者	工具
Zhang 和 Li	2008	移动影像元数据 schema	100 位参与者（档案专家、教育工作者、图书馆员、公众）	调查表（在线和纸质）
Krull 等	2006	学习资源元数据应用纲要	17 位专家	调查表
Howarth	2003	9 个元数据应用纲要的元素名称	19 位专家	调查表
Carey 等	2002	学习资源元数据应用纲要	专家	调查表和访谈
Chang	2001	基于 Web 的档案系统	35 位大学生和 3 位专家	调查表和专家访谈

资料来源：PALAVITSINIS N, MANOUSEIIS N, ALONSOS S. Evaluation of a metadata application profile for learning resources on organic agriculture [C]. MSTR 2009, CCIS 46, 2009: 270-281。

除表 6-1 所示的评价方法和研究外，Palavitsinis 等[140]开展了面向约 20 位领域内容专家的元数据应用纲要调查，以及面向用户的元数据应用纲要元素必要性和重要性调查。

根据相关的理论分析，从整体性和框架性角度，科技计划项目元数据框架的评价指标需要考虑两个层次：一是元数据层面；二是元数据框架层面。从元数据的重要属性、功能和用途考虑，其评价指标需要考虑两个方面：一是元数据的互操作；二是元数据的应用效益。因此，科技计划项目元数据框架评价指标体系可包括概念框架、元数据质量、互操作、应用效益 4 个维度。结合已有的研究成果，本研究构建了科技计划项目元数据框架评价指标，如表 6-2 所示。

表 6-2 科技计划项目元数据框架评价指标

评价视角	评价指标	指标描述／任务
概念框架视角	领域覆盖	评估元数据框架结构及组成覆盖领域情况的指标，如元数据框架中的元数据类型是否包含领域内所有元数据等
	定义清楚	评估元数据框架及组成部分的概念清晰度指标，如元数据框架生态环境中人、信息、环境及相互关系是否描述清晰，元数据术语是否有定义等
	完整性	评估元数据框架概念完整性的指标，如概念层级及结构是否合理，是否成体系，概念框架等组成部分是否完整等
	基础性	评估元数据框架描述对象的基础性、重要性和关键性指标
	兼容性	评估元数据框架与其他元数据框架的可类比、可映射指标
	关联性	评估元数据框架与所描述对象的属性相关性指标
	稳定性	评估元数据框架反映描述对象的最新状态并在一定时期内保持稳定性的指标
	来源性	评估元数据各组成部分的文献来源保证性指标
元数据质量视角	准确性	评估元数据框架中元数据项描述资源属性准确性的指标
	完整性	评估元数据框架中元数据项描述资源属性完整性的指标
	一致性	评估元数据框架中元数据项的逻辑一致性和连贯性指标
	及时性	评估元数据框架中元数据项随所描述对象的改变而及时更新的指标
互操作视角	恰当性	评估元数据框架的元数据 schema 满足元数据丰富性、简洁性和可操作性的程度指标
	易于解释性	评估元数据框架的元数据 schema 的人工理解性和机器可读性指标
	标准化	评估元数据框架的元数据元素、元数据 schema 等采用领域内标准化元数据元素、元数据 schema 等的指标
	显示一致性	评估元数据框架的元数据 schema 的显示格式与标准化元数据 schema 的显示格式一致性指标
	语义一致性	评估元数据框架中元数据 schema 的语义规则与标准化元数据 schema 的语义规则一致性指标

续表

评价视角	评价指标	指标描述/任务
互操作视角	结构一致性	评价元数据框架中元数据结构与标准化元数据结构的可转化和可映射指标
	灵活性	评估元数据框架在 RDF、ontology、Semantic Web 等技术框架中的转化性及使用性指标
应用效益视角	合理使用性	评估领域对元数据框架的使用情况指标
	与设定目标一致性	评估元数据框架实施效果是否达到预期目标的指标
	投资回报率	评估元数据框架实施过程中的投资回报率指标

表 6-2 的评价指标只是一个初步的方案，具体的定量和定性测量方法，以及如何在科技计划项目元数据框架中进行应用等问题，还需要开展进一步的研究。

6.1.3 元数据框架评价方法研究

在当前国内外元数据研究中，多采用问卷调查法和访谈法等社会调查方法作为元数据质量管理的重要辅助手段。在元数据实践中，国际标准 ISO/TR 23081-3：2011[10] 提出了采用自评价的方式开展文件管理元数据的评价。

（1）问卷调查法

问卷调查是以书面提出问题的方式收集资料的一种严谨方法。由于元数据在生成、管理、利用等阶段涉及众多主体，因此其构建及应用中研究者常将相关研究问题以问卷调查的方式收集被调查者对这些问题的看法和意见。

国内外元数据问卷调查法集中用于元数据创建和应用两个阶段。

在元数据创建方面，Chuttur[141] 采用网上调查表的方式开展了关

6 科技计划项目元数据框架维护研究

于元数据创建的调查。调查问题包括年龄、是否从事过编目工作、编目工作年限、是否创建过原始编目记录、是否从事过元数据工作、从事时长、是否创建过原始元数据记录、为网页创建元数据记录的难易选择、为图像创建元数据记录的难易选择、为文本资源创建元数据记录的难易选择、为视频创建元数据记录的难易选择、使用在线表格创建元数据记录的难易选择。调查表采用客观选择的方式设计。Lan[142]采用以用户为中心的方法获取元数据,在来自3个不同专业的38位研究生开始通过网络搜索实现其信息需求前,开展了名为"研究前"的调查。其调查问题包括性别、院系、学位级别、年龄等个人信息,计算机技能、上网地点、最初上网地点、网龄、网络熟悉程度、每天上网时间、研究时间占上网时间比重、如何发现新网页/网址、是否使用搜索引擎、有无惯用搜索引擎、网络搜索目的、网络搜索遇到哪些问题、是否在文章或论文中引用过网页等计算机及网络技能信息。对即将开展的网络搜索,则提出简要描述研究问题、以前是否有过这方面研究基础、对研究问题的熟悉程度、简要描述研究目的、是否考虑用搜索引擎、使用哪种搜索引擎、关键词是什么等主观描述问题。

在元数据应用方面,Kim[143]进行了数据共享行为的问卷调查。首先对数据共享进行了定义,指出数据共享是指将你发表文章的原始数据提供给研究组以外的研究人员,提供方式包括数据库、公共网站、个人通信方式传递附加资料和数据;其次调查了问卷调查对象的研究领域;最后从基金机构、期刊出版者、学科环境、元数据、数据库、对其他研究者的作用、提供意义、风险、付出代价、研究团队、数据共享频率等视角,分析了数据共享行为可能出现的情况。White[144]通过对27位参与者(11位信息专家和16位科学家)进行调查,从描述元数据调查表结果分析中得出信息专家更愿意采用标准化的元数据 scheme,科学家在组织领域信息资源时不采用图书馆制定的标准,所有的科学家认为在数据组织过程中软件是最重要的。Mitchell[145]通过学习指南的方式,向大学生提供了关于元数据学习的相关指南。指南首先以调查表的方式调查参与者的学术背景,如学科专业、图书馆课程及实践等;其次对参与者对信息系统的使用方式(浏览内容、链接站点、添加评论、创建新内容)、信息系统的使用频率、信息设备类型及频率、对元数据的了解程度等进行了提问；再次对参与者信息素养的程度进行了测试，如用网页等特定格式创建文件及在网页上添加标签、评论等；最后提供了17分钟的添加标签视频教程，以及4小时33分钟的元数据视频教程，教程提供上传网址，参与者可将练习答案上传并可得到反馈结果。

（2）访谈法

访谈法是由访谈者根据调查研究所确定的要求与目的，按照访谈提纲或问卷，通过访问或交谈的方式，系统而有计划地收集资料的一种调查方法。访谈法的访谈方式分为面对面交谈、电话访问、网上交流等。

国内外元数据领域的访谈主要包含邮件访谈、面对面主题交流等方式。

Kim[146]通过4次邮件访谈的方式，研究研究者数据共享行为的促进和阻碍因素，访谈对象通过科学家共同体简要数据库随机抽取而确定，访谈主题集中于科学家收集研究数据的过程，以及与研究组以外的其他科学家共享已出版数据的意愿。

Mandell[147]对UCLA研究人员的面对面访谈提纲包括15个主要问题，这些问题分为当前研究和数据收集格式、数据收集过程、数据存储方式、数据管理方式、描述数据采用的元数据描述及来源、数据描述目的、数据收集过程及应有元数据在近年来有无更改、是否向共享数据中心提交数据和元数据等。Zimmerman[148]向数据管理者开展的面对面访谈主题包括对方背景及工作职位、管理的数据类型、管理不同数据的要求、元数据标准如FGDC标准是否可以反映数据再用的用户类型、科学家更愿意接收的数据格式类型等。

（3）自评价

元数据自评价包括元数据框架和系统两个层级，在元数据自评价之前，元数据政策、元数据结构、角色、职责、分配及元数据schema应该已形成。自评价内容包括框架需求报告、框架应用系统设计报告、框架评估报告、系统评估报告等。

6.1.4 面向资源共享的我国科技计划项目元数据框架调查方案设计原则

马费成等[135]认为，传统的信息资源共享研究主要从考虑信息资源在地理区域的合理布局和配置，以及通过信息提供者之间的合作来实现资源共享。但这些措施尽管取得了一定的成果和进展，我国信息资源共建共享发展仍极为缓慢，很多学者认为我国信息资源共享的主要障碍是自我满足的发展意识、条块分隔、结构松散、缺乏横向联系的管理机制，缺乏宏观调控及规定不明的利益分配，管理体制与运行机制的弊端。Marks[149]认为，研究数据的共享研究包括规则和愿景、政策、基础设施3个视角。在规则和愿景层面，相关机构应制定关于数据共享的清晰化规则，如OECD制定的获取公共基金研究数据的规则和指南；在政策层面，研究基金机构、期刊出版商和研究承担机构都应制定相应的数据共享政策；在研究数据基础设施方面，不仅应包括确保收集、保存和传播的物理设施，还应建立确保互操作的技术标准等"软性基础设施"。我国科技计划项目元数据框架构建要实现打破科研项目条块分隔和行业、领域限制，实现其资源共享的目标，就要将其放置到研究团体、基金机构、国际机构、科学出版等广阔视野中加以研究和考虑。

从目标、调研内容及实现方式等方面考虑，面向资源共享的我国科技计划项目元数据框架调查方案的设计原则主要包括如下4点。

① 从科技计划项目元数据框架构建的各个阶段开展调研，分析了解各种影响因素，以促进我国科技计划项目元数据框架质量提高和持续改进为目标。

② 从不同的立场和利益关系视角，主要采用问卷调查和访谈法，深入了解科技计划项目元数据各利益相关方对科技计划项目元数据的了解和认识，以及对元数据促进资源共享的看法；获取元数据专家对科技计划项目元数据框架的意见和建议。

③ 问卷调研和访谈的受访者范围，既要考虑调查对象的代表性和权威性，又要考虑调研的可行性、经济性和灵活性。

④ 客观处理研究结果，采用定量分析和定性分析相结合的方法，真实、具体地反映科技计划项目元数据框架调查的各项内容，不对调查结果进行任何增减或倾向性描述。

从科技计划项目元数据框架构建的全生命周期考虑，我国科技计划项目元数据框架验证主要包括如下 3 个对象/视角，考虑 3 类社会调查方案。

① 从科技计划项目元数据创建者和用户视角，对我国科技计划项目元数据的需求及重要性进行验证。

② 从元数据内容专家视角，对我国科技计划项目元数据框架及其组成部分的科学性、合理性进行验证。

③ 从科技计划项目利益相关方视角，对我国科技计划项目元数据框架应用及成效等问题进行主题访谈。

6.2 我国科技计划项目元数据框架质量管理社会调查研究

科技计划项目元数据框架需要反映科技计划项目的最新状况，及时更新。从我国科技计划项目元数据框架的质量持续改进视角，可按如下方式考虑影响因素及社会调查主题：

① 科技计划项目管理模式改变对科技计划项目元数据类型或关注重点的更新。例如，《关于改进加强中央财政科研项目和资金管理的若干意见》提出的统一的、与地方科研项目数据资源互联互通的国家科技管理信息系统建设和维护，需要向技术管理人员调查关于科技计划项目技术共享元数据相关信息。

② 科技计划项目计划类型和管理方式改变对计划级元数据和管理元数据的更新。例如，《关于改进加强中央财政科研项目和资金管理的若干意见》提出的通过撤、并、转等方式对部分中央各部门管理的科技计划（专项、基金等）进行必要调整和优化，以及实行科研项目分类管理（基础前沿性、公益性、市场导向性、重大项目）等措施，这些改革措施可以向计划管理人员访谈中，增加其对计划属性元数据、业务活动元数据的影响。

6 科技计划项目元数据框架维护研究

③ 技术环境或具体管理办法改变对具体元数据项的更新。例如，采用数字水印技术手段实现知识产权保护和科研成果再利用跟踪，可以向科技报告管理系统维护人员询问相关知识产权元数据解决情况。

6.3 我国科技计划项目元数据框架需求的社会调查

6.3.1 科技计划项目元数据框架需求及影响因素的问卷调查方案设计

（1）调查目的

我国一线科研人员对我国科技计划项目元数据框架需求及构建的背景、运行环境、影响因素及应用成效等因素的看法。

（2）调查对象

我国科技计划项目承担者及项目管理者，主要为一线科研人员。

（3）调查内容

本次调查的目的主要是了解我国一线科研人员对科技计划项目元数据的了解程度、态度及相关影响因素等，以及与国内外文献中的相关描述是否一致等。调查包括以下六大类主题：

① 参加科研情况，包括学位情况、研究方向、参与科研项目及角色等。

② 获取科技资源途径，包括获取申报信息、研究领域国内外现状等。

③ 对科研项目采取数据管理的方式和态度，包括对NSF要求提交数据管理计划的看法，研究成果中数据集的数据处理方式等。

④ 对科研项目数据共享的态度，包括对项目公示阶段公示项目申请书、项目研究成果共享及模式，哪些是应共享的研究成果等看法。

⑤ 对元数据在科研项目资源共享中的作用及态度，包括科研活动中采用元数据处理数据的方式、元数据在科技计划项目管理方面的作用、科技计划项目元数据的必要性。

⑥ 对创新性科研项目的看法,如什么样的科研项目具有创新性、哪些因素影响项目完成、哪些是协同创新的关键因素、对协同创新的建议等。

(4) 调查方式

研究设计了科技计划项目元数据需求及影响因素调查问卷(见附录C),本次调查主要通过定向方式发放(通过国家科技报告宣传培训会议发放,发放范围为参加 2014 年成都、青海、济南、重庆等地的科技报告宣传培训的项目承担者和项目管理者)。本次调查发送调查表 280 份,回收 249 份,有效问卷 240 份。

6.3.2 科技计划项目元数据需求及影响因素结果分析

表 6-3 是根据调查问卷反馈结果统计形成的主题分析结果,最后两栏结果分类及结果统计是根据研究方向、协同创新意见建议两项主观问题的开放性反馈意见统计、整理而形成的。

表 6-3 科技计划项目元数据需求及影响因素主题分析结果

主题	结果分类	结果统计
Q2 文化程度	本科以下	6
	大学本科	56
	硕士	76
	博士及以上	90
Q3 参加项目阶段	正在进展中	169
	已结题	59
Q4 在科研项目中的角色	项目负责人	48
	项目主要参与者	124
	项目管理人员	58
	其他	9

续表

主题	结果分类	结果统计
Q5 近年来申请的科技计划项目类型	国家自然科学基金	94
	国家社会科学基金	3
	科技部计划项目	157
	省市科技计划项目	88
	其他	28
Q6 获知科技计划项目申报信息途径	科技计划项目网站浏览	131
	本单位科技管理部门通知	182
	课题申请指南中的相关信息	81
	同行专家推荐	36
	其他	8
Q7 获取所研究问题国内外研究现状的途径	国内外期刊论文	193
	国内外会议论文	80
	Google 等搜索引擎	94
	学术共同体举办的一些学术活动	98
	其他	6
Q8 更方便地获取所研究领域国际国内进展的措施	建立科研项目统一信息平台查询	177
	已结题科研项目的结题摘要公示	111
	国家科技管理信息系统建设	36
	国家科技报告共享服务平台建设	77
	科研项目立项信息公开更详细信息	99
	国际国内学科前沿、领域等动态信息查询	97
Q9 项目公示阶段公开项目申请书	建议	104
	不建议	70
	强烈赞成并加强	55

续表

主题	结果分类	结果统计
Q10 对美国 NSF 要求的基金项目申请需提交数据管理计划的看法	非常赞成,强烈建议我国科技计划项目也有相关规定	60
	赞成,但希望我国能有更详细的数据共享计划指南	135
	不赞成,这应该是数据管理人员的工作,增加科研人员的负担	32
Q11 科学研究活动中采用何种元数据处理办法	对同一研究活动制定统一的元数据要求	95
	不同的研究人员根据自己的需求进行数据格式、类型等设计	104
	基本不考虑这个问题	27
Q12 对研究成果中的数据集等数据成果的态度	查询国际该类型数据库的主要数据格式,以便更好地呈现数据和实现共享	112
	按项目管理者要求整理数据集并上传	97
	自定义数据库的格式	15
Q13 下列资源类型哪些属于应提交的研究成果	科学技术报告	197
	专著	111
	会议文献	73
	合作研究相关文档	46
	实验室研发成果	104
	专利应用	107
	项目分析文献	51
	软件	57
	科技活动完成情况报告	102
	技术报告	121
	学位论文	81
	学术论文	20
	研发项目摘要	87
	公开网文献	19

续表

主题	结果分类	结果统计
Q14 什么样的科技计划项目成果具有创新性	选题具有前瞻性	151
	专利申请多	15
	成果转化率高	112
	社会推广意义大	117
	经济效益高	58
	其他	1
Q15 科技计划项目成功完成的最重要因素	专业团队合作和交流	184
	创新所需的物质条件，如仪器	137
	领域信息的获取	135
	外语水平的高低	4
	实践经验	67
	数字科研环境及熟练应用	36
Q16 协同创新最关键因素	政策问题，制定合作政策	97
	技术问题，开发技术工具	36
	人才问题，培养高技术人才	56
	模式问题，确保人、财、物合理配置	141
	其他问题	4
Q18 项目顺利结题后，关于研究成果公开共享的态度	希望，能促进全社会研究水平的提高	152
	不希望，研究成果中还有部分需要保密的内容	54
	不希望，研究成果还需要进行成果转化	22
Q19 研究成果公开共享模式	网上浏览全部信息	29
	网上浏览题名、摘要等元数据信息	160
	网上浏览所有信息并无偿下载	28
	其他	5

续表

主题	结果分类	结果统计
Q20 研究成果在全社会公开共享后，想了解的统计信息	引用数据	145
	成果转化数据	153
	网站转载信息	36
	长期保存信息	25
	其他	1
Q21 研究成果作为国家资源永久性保存后想了解的信息	了解保存的机构名称	94
	了解保存的技术模式	85
	了解保存的检索元数据	131
	其他	4
Q22 对2008年美国商务部建议政府通过采用数据标记或相似方式使数据更方便使用的态度	没有采用"数据标记"的数据基本没有任何用处	19
	"数据标记"是创新研究的重要技术手段	102
	我国政府也应采用类似手段和政策	112
	公共数据对创新研究具有重要的促进作用	116
	科技计划项目产生的数据应是公共数据的重要组成部分	113
	科技计划项目产生的数据应能国际共享	38
	其他	1
Q23 对元数据在科技计划项目管理方面中作用的态度	从技术上杜绝项目的重复申报和重复立项	149
	跨越条块分割的科技管理体制	105
	优化科技计划项目管理	88
	元数据有效发挥作用需要与科研管理环境和人员融合	125
	元数据对科技计划项目管理不会有什么作用	4
	其他	1

6 科技计划项目元数据框架维护研究

续表

主题	结果分类	结果统计
Q24 对科技计划项目元数据的态度	很重要，愿意抽时间参加相关知识和技术环境的培训	83
	很重要，愿意配合科技计划项目相关元数据要求制定项目元数据细则	83
	很重要，最好能有易于掌握的软件和应用界面	106
	不重要，完全不需要科研人员关注和了解	1
	元数据技术性太强，仅信息管理人员了解和掌握就可以了	9
	其他	2
Q1 研究方向	理学	2
	工学	74
	农学	8
	医学	15
	科研管理	5
Q17 协同创新意见建议	体制机制创新	23
	管理创新	6
	评价体系创新	11
	人才培养	10

根据表6-3的统计结果，可以开展如下分析。

（1）一线科研人员参加科技计划项目的情况

根据调查结果，97%的被调查者具有本科以上学位，超过39%具有博士及以上学位，可以看出参加科技计划项目的科研人员受过专门的学术训练，具有很高的学术素养。从研究方向看，工科领域最多，为71%，其他领域相对较少，如农学占7.6%、医学占14.4%、理学占1.9%，这主要是因为参加科技报告宣传培训定向调研的科研人员以863计划项目科研人员为主。

参加调查的人员中，71%是项目参与者，其中20%为项目负责人，

51%为项目主要参与者；项目管理者占全部调查人员的24%。他们参加的项目74%处于正在进行阶段，26%已结题。从参与项目的类型看，参加科技部计划项目的比例最高，占42%，参加国家社会科学基金项目的比例最低，只有0.8%，这与他们的学科分布情况一致。除此之外，25%的人参加过国家自然科学基金项目，23.7%的人参加过省市科研项目，还有7.5%的人参加过其他科研项目，如中航创新基金、教育部计划项目、国际计划项目、工业和信息化部电子发展基金、国家海洋局可再生能源科技计划、国家重大专项核高基等。

（2）一线科研人员获取科技计划项目信息的情况

从调查情况看，科研人员获取申报信息的方式，通过单位科研管理部门组织和通知的最多，为41.5%，29.9%的科研人员具有浏览计划项目网站获取申报信息的习惯，通过课题指南了解申报信息的为18.5%，8.2%的人通过同行交流获取申报信息。

在开展研究领域国内外进展调研方面，41.5%的被调查人员通过期刊查询最新研究进展，通过网络搜索引擎和学术共同体了解领域研究进展的比例差不多，各占1/5，通过会议论文查询研究进展的研究人员比例为17.2%。可见，传统的期刊、会议等文献类型仍旧是了解研究进展的主要方式，Google等搜索引擎已成为研究者开展文献调研的重要辅助手段，学术共同体举办的学术活动也是科研人员了解领域研究动态的重要途径。

（3）一线科研人员对科研项目数据管理要求的看法

关于对美国NSF要求的基金项目申请需提交数据管理计划的看法，86%的受访者赞成提交数据管理计划，其中26%的人强烈赞成并希望我们也有类似规定；14%的科研人员认为此类规定增加了科研人员的负担。从调查结果看，大多数科研人员能够理解数据管理计划对于数据共享保障的重要性，如我国要制定相应的规定，应在原则规定基础上，制定具体的、便利的操作步骤，尽量消除科研人员的顾虑，减少他们的负担。

关于如何处理研究成果中的数据集，半数受访者采用了与国际该类型数据库相一致的主要数据格式，43%的科研人员按项目管理者要求整理数据集并上传，采用自定义数据库格式的比例为7%。从调查结果看，

6 科技计划项目元数据框架维护研究

大多数科研人员认可标准化的、规范的数据格式是实现数据共享的重要保证，而科技计划项目元数据框架中的科学数据元数据可以实现这一目标。

（4）一线科研人员对科研项目资源共享的态度

针对项目申报阶段开展项目申请书公示的问题，69%的调查人员同意公开项目申请书，其中24%的人强烈建议公示项目建议书；31%的人由于知识产权等原因不赞成此种措施。关于公示项目申请书在国家自然科学基金条例征求意见稿中也有类似规定，最后处理结果是考虑到知识产权和保密等因素，将项目申请书放到项目结题阶段公开，这种处理方式固然可以让公众监督项目成果与项目申请是否一致，但对项目立项监督的效果则不够明显。在项目申请阶段，可以将公开项目的项目题名、摘要、关键词、研究目的等向社会公示，接受社会监督，减少重复立项。

关于项目研究成果共享及模式，67%的人赞成研究成果公开共享，24%的人由于保密要求不赞成公开研究成果，还有9%的人考虑研究成果转化而不希望公开研究成果。从成果公开程度看，希望公开题名、摘要等元数据信息的占72%；26%的人赞成公开项目成果全部信息，其中13%的人更希望项目成果信息能无偿下载。关于想了解研究成果共享统计信息的问题，对引用数据统计信息的选择为145次，选择成果转化数据统计信息的为153次，即选择统计和成果转化等共享再利用信息的比例为83%，可以看出，对成果信息科研人员关注的不仅是简单的共享数据，而是共享后的信息增值成效。由于国家科技计划项目的公共产品属性，公共部门信息再利用的理论和方法适用于科技计划项目研究成果共享再利用的研究和实践。

（5）一线科研人员对元数据在科研项目资源共享中的作用及态度

关于科技计划项目元数据的重要性和必要性问题，97%的人认可元数据的重要性，其中29%的人愿意抽时间参加相关知识和技术环境的培训，29%的人愿意配合科技计划项目相关元数据要求制定项目元数据细则，希望有易于掌握的软件和应用界面的人则占38%。从调查结果可知，大多数科研人员认可科技计划项目元数据的重要性并希望能提升相关的信息素养，针对项目申请者提出希望能提高元数据技能的问题，可以将元数据分为业务、信息技术及信息组织3类模块知识，对每类模块提出应达到的技能水平的要求,并开展相应的培训。

关于元数据对科技计划项目管理的作用,26%的人认为元数据有效发挥作用需要与科研管理环境和人员融合,31.5%的人认可元数据是减少项目重复申报和重复立项的技术保障措施,22%的人认可元数据在打破条块分割的科技管理体制、实现协同创新方面的作用。从调查结果可知,过半科研人员认可元数据在资源配置、项目管理方面的技术支撑地位。

在科学研究活动中的元数据处理方式中,42%的科研人员对同一研究活动要求制定统一的元数据,46%的人根据自己的需求进行相关数据格式、类型的设计,12%的人由于项目性质等原因基本不考虑这个问题。这说明,还有过半科研人员在科学研究活动中没有用元数据思想来开展数据管理的意识,需要加强这方面的宣传和培训。

(6)一线科研人员对科研项目创新的看法

关于什么样的科研项目是创新性科研项目的问题,认为选题应具有前瞻性的占33%,认为成果转化率要高的占25%,认为社会推广意义要大的占26%,认为经济效益要高的占13%。从结果可以看出,大部分科研人员认可科研项目的创新性评价应在项目结题后从成果转化、社会推广和经济效益等方面来进行。关于项目成功的因素,选择团队协作的占33%,选择科研条件,如仪器、信息和数字科研环境的占54%,选择实践经验的占12%。从结果可知,半数科研人员认为科研条件对项目成功完成具有重要作用,项目团队协同创新是保证项目成功的重要方式。

关于提交的项目研究成果,选择科学技术报告、技术报告、实验室研发成果、专著、专利应用、科技活动完成情况报告等成果类型最多,其中选科学技术报告的占16.7%,技术报告占10.2%,专著占9.4%,专利应用占9.1%,实验室研发成果占8.8%,科技活动完成情况报告占8.6%;而会议文献、学位论文、合作研究相关文档、项目分析文献、软件、学术论文、公开网文献等相对较少,分别占6.2%、6.9%、3.9%、4.3%、4.8%、1.7%和1.6%。考虑到调查中的一线科研人员既是项目承担者,也是创新性成果应用者,从调查结果分析,从科学技术报告、技术报告、实验室研发成果、专著、专利应用、科技活动完成情况报告等项目研究成果中获得创新性成果的可能性更大。

关于协同创新的模式问题，71%的一线科研人员认为协同创新更多的是政策问题和模式问题，他们同时对协同创新提出了很多意见和建议，涉及项目组织、评价机制、人才培养、实施方法等。比较典型的如"彻底推行项目责任制，责权利统一，项目负责人与行政管理分离""在国家科技体系下，科技协同、创新和成果先进性考核都应实行市场化的运行和考评""各方人才多交流，擦出火花，想法多元化，领域交叉易出新思想""政策上明确不同研究主体开展协同创新的途径和具体实施办法，建立鼓励协同创新的激励机制""协同创新是时代发展的战略要求，更是科学研究的必然趋势，一是注意政策的配套支持，二是注重早期协调创新意识培养"等。因此，更多地听取一线科研人员意见，创造环境发挥他们的主动性和创造性，才能使协同创新真正落到实处。

6.4 我国科技计划项目元数据框架科学性的问卷调查

为了解元数据专家及科技计划项目管理者对科技计划项目元数据框架的反馈意见，在我国科技计划项目元数据框架构建完成后，按照研究设计了科技计划项目元数据框架问卷调查，采用德尔菲专家调查方法。调查采用匿名方式，采用的调查问卷见附录D，调查专家共20余位。

6.4.1 我国科技计划项目元数据框架科学性的问卷调查方案设计

① 调查目的：从专家角度，对我国科技计划项目元数据框架的理论性、科学性进行评价，收集元数据专家对我国科技计划项目元数据框架的反馈意见和建议。②调查对象：元数据专家，如发表关键元数据论文的研究者、元数据标准起草者、元数据内容专家等。③调查内容：科技计划项目元数据框架构建方法、科技计划项目元数据框架要素及关系、科技计划项目元数据框架构建模型及步骤等。

6.4.2 我国科技计划项目元数据框架科学性的问卷调查结果分析

科技计划项目元数据框架专家反馈意见汇总如表 6-4 所示。

表 6-4 科技计划项目元数据框架专家反馈意见汇总

	反馈意见	处理结果
1	元数据框架调查表问题来源于科技计划项目元数据研究成果,最好将科技计划项目元数据完整框架内容作为附录供专家参考,以便得出结论、意见和建议	将第五章我国科技计划项目元数据框架作为附录供专家参考
2	调查表中增加科技计划项目元数据框架整体内容问题,以便在调查表中使框架看起来更直接、清晰	增加元数据概念框架问题
3	元数据 schema 有多种含义,应做说明	在元数据框架概念中将 schema、scheme 等概念进行简要说明
4	科技计划项目元数据类型要仔细考虑,确保不遗漏	将资源级元数据(科技报告元数据、科学数据元数据)结构改为资源级元数据(条件资源类元数据包括科技人才元数据和大型仪器元数据,项目资源类元数据包括科技报告元数据和科学数据元数据)
5	建议增加元数据注册方面的内容	增加科技计划项目元数据管理系统技术内容
6	对科技计划项目元数据类型划分是切合目前现状的,条件资源类元数据中"研究试验基地"相比较"人才资源"也许更重要,仅供参考	研究试验基地和人才等都是条件资源类元数据的重要组成部分
7	科技计划项目元数据借鉴 DC 新加坡框架的理由是充分的,既是 DC 本身的特点决定的,又有可供借鉴的国际研究成果,建议增加国内的例子	国内科研领域的元数据采用 DC 一般是采用 DC 核心元数据元素集,从框架上采用的还没有相关案例,可以将相关情况在文献调研中进行说明

续表

	反馈意见	处理结果
8	对科技计划项目计划（专项、基金）级元数据的相关建议：对于描述型元数据来讲，扩展方式主要有两种，一种是限定词，另一种是编码体系。选用限定词的方式，可以在取值方面灵活一些，选用编码体系方式，就需要给出限定的可选范围来选择填写，优点是取值规范。建议有些扩展选用编码体系方式，并考虑体系的完整性	在国外，欧洲研究信息格式 CERIF 等开展了关于科研元数据编码体系的研究，采用编码体系来描述我国科技计划项目计划（专项、基金）级元数据是下一步开展科技计划项目元数据框架应用研究的重要技术内容

6.5 我国科技计划项目元数据框架应用的访谈调查

6.5.1 我国科技计划项目元数据框架应用的访谈方案设计

6.5.1.1 元数据管理含义

我国科技计划项目元数据框架管理是一个科技计划相关主体的组织和有效管理，确保元数据应用效果的过程。《中国移动省级 NG2-BASS 技术规范元数据管理分册（征求意见稿）》[150]认为元数据的描述对象已从"数据"扩展到各类对象，元数据泛指描述领域概念、领域关系、领域规则的数据。其中，领域语义和知识也属于元数据，并认为元数据管理的目的包括建立核心元数据、实现元数据互通、扩充元数据服务接口及服务质量管理子系统等。Westbrooks[151]认为，从广义来说，元数据管理是指元数据政策的执行及与元数据标准的一致性。元数据管理通过自动或非自动手段获取和维护元数据受控集，以便描述、发现、保存、检索和获取其描述的数据，元数据管理通过清晰而简洁的计划，确保元数据质量及互操作、可扩展和高效。

6.5.1.2 科技计划项目元数据管理访谈主题

为使科技计划项目元数据管理具有针对性和现实意义，研究设计了科技计划项目元数据管理的主题访谈。访谈对象包括 3 类：①科技计划项目管理人员（4 人），包括科技部发展计划司和科技部信息中心有关人员；②科技计划项目相关信息技术人员（5 人），包括科技部信息中心工作人员、科技报告系统维护人员、中国科学技术信息研究所技术支持信息专家；③一线科研人员（9 人），包括中国科学技术信息研究所、北京交通大学、中国建筑科学研究院、清华大学、北京大学等单位承担或作为主要研究人员参与国家科技计划项目的具有高级职称的一线科研人员。

访谈方式采用面对面交流、电话访谈、网络访谈 3 种。访谈时间为半小时到一个半小时，访谈主题包括科技计划项目元数据收集、管理和利用的现状，对建立统一的科技计划项目元数据框架的需求，对科技计划项目元数据管理过程及各种影响因素等认识和建议。

访谈提纲见附录 E。

6.5.2 我国科技计划项目元数据框架应用的访谈结果分析

从总的访谈结果看，科技计划管理部门对科技计划项目元数据的认识还不够，如有的计划管理人员认为"元数据是信息中心的事情，你访谈的对象应该是信息中心专门从事信息处理的人员"，"我只了解项目管理，对元数据管理关注比较少"，还有的计划管理人员认为"我们提需求，让信息中心人员实现就可以了"，"领域科研元数据找领域专家就可以"……科技计划管理部门运用信息管理及元数据管理的思维和理论来开展项目管理还需要加强。

对元数据的认识，科研人员普遍认为很重要，但他们同时认为"对于元数据，目前的能力和知识结构，有的环节能达到，有的不能达到"，"信息中心人员最关键，他们需要了解科研人员和计划人员的需求，现在很多信息中心的人员可能还没有认识到这个问题，缺乏把单位的科研成果进行信息化管理的措施","我们单位成果信息化管理很欠缺,只有验收报告、结题存档,后续的增值服务做得不够,没有全过程的统一平台的录入"。

信息中心人员对元数据的理解普遍很到位,他们认为"由丁历史因素,不同的计划形成了不同的管理模式","当前元数据的管理还需要对公共资源整合,从上到下达成共识","当前规范化、结构化的管理已形成","元数据管理没有问题,但管理办法的修订需要一个较长的时间,整个管理体系的变化很难跟得上形势","元数据管理需要科技计划管理人员在战略层面上有一个长远的规划"。

6.6 科技计划项目元数据框架维护方法研究

6.6.1 科技计划项目元数据框架质量管理模型

为了确保科技计划项目元数据的互操作性,实现元数据的最大价值,需要对已构建的元数据框架从合理性、科学性、准确性、有效性等方面进行全方面验证,以达到持续改进的目标。图6-2是采用质量管理PDCA模型构建的我国科技计划项目元数据框架质量管理模型,其中P(plan)阶段是指计划阶段,确定科技计划项目元数据框架的方针、目标及规划;D(do)阶段是构建科技计划项目元数据框架方法、组成及关系、框架概念模板;C(check)阶段是对科技计划项目元数据框架进行检查,分析原因;A(action)阶段是对评估结果进行处理,提出改进和维护科技计划项目元数据框架的意见和建议。在科技计划项目元数据框架构建中,社会调查方法主要应用于D阶段、C阶段和A阶段,其目的是促进科技计划项目元数据框架质量的持续改进。

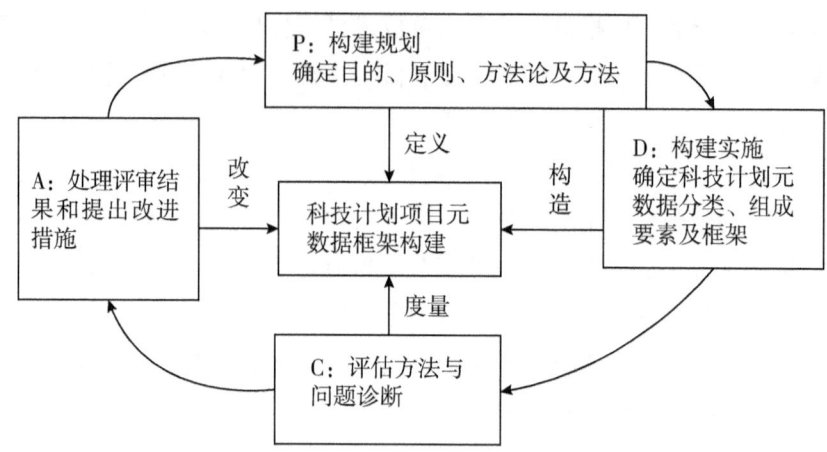

图6-2 我国科技计划项目元数据框架质量管理模型

6.6.2 科技计划项目元数据框架维护策略研究

元数据框架维护策略研究包括元数据框架维护政策、元数据框架维护程序、元数据框架维护方法及技术、元数据应急响应（系统升级、数据备份）等方面的研究。

ISO 23081-1：2017[123]指出：当前有一些组织开展了维护元数据及其结构的方法和技术研究，推荐方法为采用元数据 schema，维护程序包括检查元数据的数据完整性、制定元数据修改和获取的授权规则、系统失败时的恢复机制、备份程序、信息系统环境或系统更新时的迁移机制等。

我国科技计划项目元数据框架可采取迭代 schema 模式的方式开展动态维护，理论中自上而下的元数据 schema 模型与实践中的 schema 模型有很大的不同，科技计划项目元数据框架涉及不同的群体（采购、财政、技术、成果等），在模型建立和推广过程中应广泛收集相关群体的意见和建议，并建立相应的动态维护机制。

7 科技计划项目元数据框架面向共享的方法和工具研究

元数据框架是基于信息技术的数据系统组件,元数据和原生数据要一起实现元数据的功能需求,需要相应的应用系统支撑,需要共享技术环境和共享技术工具。

7.1 国内外科技计划项目元数据共享环境及技术方法研究

7.1.1 国内外科技计划项目元数据共享环境分析

(1)基于用户分级获取原则的美国科技计划项目元数据共享

美国科技计划项目元数据共享建立在相关政策基础上,2014年为促进联邦政府资助项目的质量和透明度,美国政府发布了《数字问责和透明法案》(*Digital Accountability and Transparency Act of 2014*,*DATA Act*)。2016年为实施该法案发布了 DAIMS 信息模型 schema(DATA act information model schema)[152],并作为第一个政府层面的智能项目建立了专门网站供用户查询[153],用户可获取开放范围内的基金编号、基金名称、基金类别、经费总额等相关信息,但受限项目和有密级项目元数据信息则不放在该网站上。美国科技计划项目产生的科技报告根据不同密级需要采取不同的共享机制和模式:公开科技报告可通过共享服务平台获取,受限科技报告元数据和文本由各部门科技信息机构采取必要手续后提供给本部门人员及合同户,保密科技报告元数据及文本则通过专门的保密信息管理系统提供服务。

（2）我国科技计划项目元数据共享政策环境研究

科技部 2003 年发布的《关于加强国家科技计划成果管理的暂行规定》[154]对科技计划项目成果规范化管理进行了规定，包括实行项目重大成果报告制度；实行国家科技计划重大成果发布制度；规范国家科技计划项目产生的学术报告、论文和专著的发表；切实落实专利战略和技术标准战略、管理和应用国家科技计划形成的科学数据、档案和仪器设备；根据科技部的统一要求加强科技计划成果信息管理系统建设；国家科技计划成果涉及国家秘密的，有关各方应遵照《中华人民共和国保守国家秘密法》和《科学技术保密规定》及相关规定实施管理等。这些规定对科技计划项目成果共享范围和模式进行了相应的规范。中国地震局发布的《地震科学数据共享管理办法》[155]，根据地震科学数据发布和共享的范围，将地震科学数据划分为以下 4 级：①一级数据，凡可向社会公众公开发布的数据；②二级数据，能够向国内、国外用户提供的数据；③三级数据，可以向国内用户提供的数据；④四级数据，只允许向特定范围用户提供的数据。其中，规定用户应根据共享权限使用相应级别的数据，经批准也可以使用其他级别的数据。

7.1.2 国内外科技计划项目元数据共享和互操作主要技术方法

科技计划项目元数据共享和互操作是实现其所描述的数据实现共享服务的重要技术支撑，元数据登记、元数据标准化等帮助实现元数据及其描述对象在信息系统内部或不同信息系统间数据传播的完整性、兼容性和可操作性。

（1）元数据登记

元数据管理信息系统包括两类：一类是在实际应用环境中与数据融合，实现各种功能的管理系统，如沈卫超等[156]基于自动提取元数据和集成管理设计的用于大规模并行数值模拟程序的元数据管理系统；另一类是对元数据本身进行注册、维护和管理的信息系统。这类信息系统也分为两类：一类是元数据层级的注册管理，如王文清[157]基于 OAI-PMH

7 科技计划项目元数据框架面向共享的方法和工具研究

协议设计的国家科技基础条件平台元数据注册系统。GB/T 30524—2014《科技平台 元数据注册与管理》[158]对元数据注册与管理过程中，元数据责任者（提交机构、注册机构、主管机构）的职能，元数据注册管理流程，元数据添加、删除、更新注册管理生命周期，元数据注册表单等进行了规定。另一类是对元数据术语、元数据及 schema、scheme、应用纲要等不同类型开展注册、管理，以实现映射、互操作等各种功能，如美国国家科学数字图书馆 NSDL[159]开发了开放元数据注册系统，并进一步发展成为 DCMI 维护的、作为语义网基础设施的开放元数据注册系统。

Evans 等[60]指出，在 InterPARES 2 项目研究过程中，跨领域描述研究组认为需要建立"登记数据库以开展描述性元数据 schema 及其他元数据 schema 和标准的特性登记"，以便提供元数据 schema 分析研究所需的数据信息和分析工具，同时在文件管理领域内提供一种选择和评价元数据 schema 的框架[16]。登记元数据 schema 的主要数据元包括：登记类（如登记号、日期等）、标识类（如题名、全球唯一标识号、版本等）、可获取类（如硬件和软件要求等）、版权类（如知识产权声明等）、来源类（如创建机构等）、描述类（如目的、范围、实体类型等）、分析类（文件管理功能等）、文献类（如规范、指南等）、关系类（与分类法的关系等）、管理类（如维护人员、维护状态等）。当前开展元数据 schema 登记的项目包括美国环境数据登记 EDR、澳大利亚国家健康信息知识基础等。ISO/IEC 11799《信息技术——元数据登记》（MDR）提供了元数据登记的系统标识、分类、结构和元素命名的详细指南。扩展元数据等级 XMDR 和美国 NSDL 元数据登记都采用了 RDF triple 和 SPARQL 查询。NSDL 同时采用 SKOS 作为其词汇编码语言。NSDL 元数据登记系统最初由美国 NSF 支持了 3 年构建基金，现在是开放元数据登记系统。

元数据登记是促进元数据互操作的重要方法。元数据登记帮助实现元数据规则清晰化，确保从不同来源选择元素实现其目的。当前元数据登记的一个重要问题是没有包括元数据内容属性的登记。

（2）元数据标准

元数据作为一种信息组织的方式，不仅提供了信息显示的标准化方法，而且提供了用于定义、操作、交换和分析不同层级的信息系统的标准,以及计算机智能识别、操作、集成信息内容、过程和系统。

元数据标准首先是标准。标准化要求对复杂环境和过程进行抽象,并需要代表不同利益的各方进行协商。元数据标准是语义信息系统标准的一种,Otto 等[160]将语义信息系统标准定义为:用在应用领域中的适当语言描述的信息模型,其建立的标准文档由提出者协商一致,用于重复使用。但是,由于很多科学项目研究者不需要,或者不会从书目或档案元数据标准中获益,因而不是他们首要考虑的事情。在科技计划项目这种情况下,需要开展科研元数据个性化和松散性的描述。当前在具体学科领域,几乎都制定有不同的元数据标准和 scheme,但它们之间的互操作和映射需要很大的努力来实现。

在实际项目应用方面,英国 NERC 制定了用于信息获取的元数据标准 NERC Discovery Metadata Standard[161]。2012 年,美国国家信息标准化组织 NISO 和 DCMI 联合发起了关于管理科学研究数据元数据的网络论坛,对科学研究数据的保存及促进数据再利用、元数据标准及互操作、数据保存和元数据生成程序、规范人名(针对科学家)、数据链接等进行了讨论。

(3)元数据信息系统

随着物联网、云计算等新兴信息模式的兴起,科技计划项目元数据也开始借鉴和采用最新的技术模式,如 Waddington 等[162]研究了用于研究成果长期保存和获取的云存储系统 Kindura,该系统将元数据定义为项目级别的元数据和收集资源的元数据。其中,项目元数据分为描述元数据(包括项目名称、项目摘要描述)、拥有者信息(包括主要调研者及联系方式)、管理元数据(包括项目基金、项目起止日期);收集元数据则分为基于自由检索的描述元数据、研究成果相关的项目、建立在数据和文献分类基础上的保护性标记(protective marking)。

7 科技计划项目元数据框架面向共享的方法和工具研究

7.2 我国科技计划项目元数据框架共享方法研究

7.2.1 编制和采用相关元数据技术标准

科技计划项目元数据框架应尽量采用国际国内通用的元数据技术标准，以实现共享和互操作的目的，如国际标准 Dubin Core、ONIX、MODS，国家标准 GB/T 32739—2016《土壤 科学数据元数据》、GB/T 32845—2016《科技平台 元数据汇交业务流程》、GB/T 31073—2014《科技平台 服务核心元数据》等。为促进元数据资源描述跨领域应用，DCMI 发布了 DCMI 元数据术语集[163]，这些术语集可供科技计划项目元数据元素英文标签确定时参考，以便实现互操作。

国际标准化组织 ISO/TC 46 在 2018 年开展了科学研究活动标识符国际标准的研究，其所制定的 ISO 23527《信息与文献——研究活动标识信息技术——学习、教育、培训及研究 RAiD》[164]定义了研究活动标识符 RAiD 的使用和结构，以及 RAiD 数据管理记录 DMR。RAiD 作为研究项目标识符，将有助于促进研究内容、研究者和过程的可获取性，促进数字研究平台及工具的自动化和无缝获取，促进国际数字研究平台和工具获取及合作，并确保高质量项目元数据控制和评价分析。

对复杂科技计划项目，如我国科技重大专项项目，由于多主体、多层次、跨部门、跨地区、技术性、保密性等特征，可以在元数据设计上编制项目元数据标准方案，在成果元数据方面，考虑增加实物类元数据、软件类元数据等，在保密策略方面，考虑增加授权元数据、知识产权元数据等。

7.2.2 采取节点控制实现元数据应用

当前元数据 schema 应用比较成功的例子包括：Google Maps 提供了最有名和广泛使用的 API，用户可以增加元数据项，Coney Island History Project 通过添加元数据实现历史景点和现实景点同时呈现。Rijksmuseum 的 Widget 项目则是在另一场景中对现有元数据进行再利用等。

考虑科技计划项目业务活动中元数据的需求、用途及目的，科技计划项目元数据 schema 应具有如下应用功能：①可定制性及权限管理。是否能为不同的用户生成定制的元数据视图，对用户权限能够灵活管理。②追溯管理。从目标到源的追溯功能，对每个元数据进行冲突分析（impact analysis）检验。例如，对"何处使用"和"来源依赖"的检查，其中"何处使用"用于分析哪些元数据使用了该元数据，如科技报告编号元数据使用了项目编号元数据；"来源依赖"用于分析哪些元数据依赖于该元数据，如创建者元数据包含类型。③动态变化管理。如果数据发生变化需要改变元数据，在一处改变的元数据将自动反映到所有系统中其他地方该元数据的自动修改上。

元数据作为描述数据的数据，其形成不可能早于所描述数据的形成，元数据形成的最理想状态是元数据随着原生数据的产生而自然产生，如科技计划项目元数据框架构建最好能在科技计划项目管理初期进行计划、安排和构建。但实际情况常常可能是需要通过元数据对现有管理模式和流程进行调整，实现数据管理功能。

以我国科技报告建设为例。2013 年前，虽然我国在申报、开题、中期评估、年度报告和验收等科技计划管理过程中要求提交年度进展报告、成果验收报告、财务报告等项目报告，但这些报告与美国科技报告等要求相比，还存在报告格式不规范、管理内容与技术内容混合编写、技术内容注重描述研究结果而非研究过程等差距。2013 年《中共中央关于全面深化改革若干重大问题的决定》提出"建立创新调查制度和创新报告制度"。科技报告制度建设列入科技部 2013 年度重点工作。

2013 年科技部开展的科技报告试点工作要求 973 计划、863 计划、支撑计划、重大专项、国际科技合作专项、大型仪器专项等国家科技计划（专项）及国家科技奖励工作要建立科技报告制度。自 2006 年以来立项的全部非涉密计划项目（课题）需要呈交科技报告。试点阶段的科技报告包括两类：一类是对已验收项目结题报告改写形成的科技报告；另一类是未结题项目中的年度报告、中期评估报告、验收报告等按科技报告要求进行修改的科技报告，将提交科技报告纳入计划项目管理流程。

在分析科技部各计划、各项目的原有结题报告数据项，以及我国科

7 科技计划项目元数据框架面向共享的方法和工具研究

技报告元数据标准的基础上，构建的包括计划项目、上传文件、报告类型、公开范围、计划代码等节点的科技报告元数据 schema 如下所示（本显示为在 XMLSpy 编辑器中的显示格式）。

我国科技报告节点元数据 schema：

<?xml version="1.0" encoding="UTF-8" standalone="yes" ?>

- <document xmlns="http：//www.ict.ac.cn/xdt"
  xmlns：xsi="http：//www.w3.org/2001/XMLSchema-instance"
  xsi：schemaLocation="http：//www.ict.ac.cn/xdt sample.xsd">

- <op-info>
 <system> 系统名称 </system>
 <user> 导出用户名 </user>
 <date> 导出日期 </date>
 <time> 导出时间 </time>
  </op-info>

- <project>
- <basic>
 <bgmc> 报告名称 </bgmc>
 <bgmcen> 报告名称（英文）</bgmcen>
 <bgzcqd> 报告支持渠道 </bgzcqd>
 <bglxdm> 报告类型代码 </bglxdm>
 <bgbzdw> 报告编制单位 </bgbzdw>
 <bgbzsj> 报告编制时间 </bgbzsj>
 <bgzz1> 报告作者 1</bgzz1>
 <hgzz1en> 报告作者 1（英文）</hgzz1en>
 <bgzzdw1> 报告作者单位 1</bgzzdw1>
 <bgzzdw1en> 报告作者单位 1（英文）</bgzzdw1en>
 <bgzz2> 报告作者 2</bgzz2>
 <bgzz2en> 报告作者 2（英文）</bgzz2en>
 <bgzzdw2> 报告作者单位 2</bgzzdw2>
 <bgzzdw2en> 报告作者单位 2（英文）</bgzzdw2en>

<bgzz3> 报告作者 3 </bgzz3>

<bgzz3en> 报告作者 3（英文）</bgzz3en>

<bgzzdw3> 报告作者单位 3 </bgzzdw3>

<bgzzdw3en> 报告作者单位 3（英文）</bgzzdw3en>

<bgzz4> 报告作者 4 </bgzz4>

<bgzz4en> 报告作者 4（英文）</bgzz4en>

<bgzzdw4> 报告作者单位 4 </bgzzdw4>

<bgzzdw4en> 报告作者单位 4（英文）</bgzzdw4en>

<bgzz5> 报告作者 5 </bgzz5>

<bgzz5en> 报告作者 5（英文）</bgzz5en>

<bgzzdw5> 报告作者单位 5 </bgzzdw5>

<bgzzdw5en> 报告作者单位 5（英文）</bgzzdw5en>

<bggkfw> 报告公开范围代码 </bggkfw>

<bgyqsj> 报告延期时间代码 </bgyqsj>

<bgzsbh> 报告正式编号 </bgzsbh>

<bgbz> 报告备注 </bgbz>

<bgzy> 报告摘要 </bgzy>

<bgzyen> 报告摘要（英文）</bgzyen>

<bggjc> 报告关键词 </bggjc>

<bggjcen> 报告关键词（英文）</bggjcen>

<ktmc> 课题名称 </ktmc>

<xmmc> 项目名称 </xmmc>

<zgbm> 主管部门 </zgbm>

<ssjhdm> 所属计划代码 </ssjhdm>

<ktzsbh> 课题正式编号 </ktzsbh>

<cddw> 课题承担单位 </cddw>

<hzdw1> 合作单位 1 </hzdw1>

<hzdw2> 合作单位 2 </hzdw2>

<hzdw3> 合作单位 3 </hzdw3>

<hzdw4> 合作单位 4 </hzdw4>

```xml
        <hzdw5> 合作单位 5 </hzdw5>
        <zjf> 总经费 </zjf>
        <gbjf> 国拨经费 </gbjf>
        <ktfzr> 课题负责人 </ktfzr>
        <ktksrq> 课题开始日期 </ktksrq>
        <ktjsrq> 课题结束日期 </ktjsrq>
        <bglxrxm> 报告联系人姓名 </bglxrxm>
        <bglxrdh> 报告联系人电话 </bglxrdh>
        <bglxryx> 报告联系人邮箱 </bglxryx>
        <bglxrdw> 报告联系人所在单位 </bglxrdw>
        <ssdq> 承担单位所属地区 </ssdq>
        <dwxz> 承担单位性质 </dwxz>
        <dwzzjgdm> 承担单位组织机构代码 </dwzzjgdm>
        <dwyb> 承担单位邮编 </dwyb>
      </basic>
- <externals>
      <external1> 正文上传文件名称（与 ZIP 包中的 Word 文件名称吻合）
        </external1>
      <external2> 合成文件名称（与 ZIP 包中的 PDF 文件名称吻合）
        </external2>
      </externals>
      </project>
- <code-map>
- <map src="B_BGLX">
   - <!--
        报告类型码表 对应 bglxdm 节点
        -->
      <item code="01"> 立项摘要报告 </item>
      <item code="02"> 年度进展报告 </item>
      <item code="03"> 中期评估报告 </item>
```

```xml
    <item code="04"> 结题验收报告 </item>
    <item code="05"> 专题报告 </item>
    <item code="06"> 验收摘要报告 </item>
  </map>
- <map src="B_GKFW">
  - <!--
    报告公开范围码表 对应 bggkfw 节点
    -->
    <item code="01"> 公开 </item>
    <item code="02"> 延期公开 </item>
  </map>
- <map src="B_YQSJ">
  - <!--
    报告延期时间码表 对应 bgyqsj 节点
    -->
    <item code="01">1 年 </item>
    <item code="02">2 年 </item>
    <item code="03">3 年 </item>
    <item code="04">4 年 </item>
    <item code="05">5 年 </item>
  </map>
- <map src="B_SSJH">
  - <!--
    报告所属计划码表 对应 ssjhdm 节点
    -->
    <item code="AA">863 计划 </item>
  </map>
- <map src="B_JSLY">
  - <!--
    报告技术领域码表 对应 jslydm 节点
```

```
          -->
          <item code="AA01"> 信息技术领域 </item>
          <item code="AA02"> 生物和医药技术领域 </item>
          <item code="AA03"> 新材料技术领域 </item>
          <item code="AA04"> 先进制造技术领域 </item>
          <item code="AA05"> 先进能源技术领域 </item>
          <item code="AA06"> 资源环境技术领域 </item>
          <item code="AA09"> 海洋技术领域 </item>
          <item code="AA10"> 现代农业技术领域 </item>
          <item code="AA11"> 现代交通技术领域 </item>
          <item code="AA12"> 地球观测与导航技术领域 </item>
          <item code="AA99"> 测试领域 </item>
        </map>
      </code-map>
    </document>
```

科技计划项目元数据框架只有嵌入科技计划活动的各个环节，嵌入科技计划项目全程管理、全员管理、目标管理和绩效管理中，才能真正发挥其功能。为实现上述目标，当前科技报告制度建设中采取的主要措施包括3点。

① 在国家科技计划项目申报中心"科技报告在线报收"栏中（http://program.most.gov.cn），将科技报告元数据嵌入科技报告模板。

② 科技报告元数据项和质量只有经机器检测及人工审核合格后，才能完成项目验收。

③ 科技报告数据库和科技计划项目管理之间通过元数据收割方式实现连接。

通过融入科研系统和科研活动的科技报告元数据管理与应用，使科研人员认识到增加科技报告提交并没有增加多少负担，科技报告是国家的重要战略资源，是科技资源共享的重要保障。

面向共享的科技计划项目元数据框架

7.2.3 编制科技计划项目元数据框架应用指南

元数据应用指南（usage guidelines）是关于如何应用元数据应用纲要（application profile），以及如何在具体环境中应用各项属性等的指南。澳大利亚政府定位服务（AGLS）元数据应用指南编制目的是"为在线或离线资源应用 AGLS 元数据标准提供入门指南"[165]，指南包括"AGLS 元数据的使用及如何向资源分配元数据"，以及"如何使用 AGLS 元数据属性描述资源摘要级信息"和"每项属性使用的示例"等。指南内容不包含"元数据编码方法"。Windows media 元数据使用指南[166]提供了使用视窗媒介（Windows media）元数据属性的详细指南，包括 4 个主题：① Windows media 技术支持的元数据（描述了几种 Windows media 技术支持的元数据，并进行了比较）；②文档类型属性（根据文档类型列出相关属性列表，按重要性将属性分为不同类，如必备、广泛使用、推荐使用等）；③属性列表（Windows media 命名空间中所有元数据属性的列表，每个属性项包含使用建议）；④更多信息（提供进一步研究的相关指南）。DCAP（Dublin Core Application Profile）使用指南[167]认为，描述集指南定义了应用指南 AP 的"什么"，而使用指南则提供 AP 的"如何"和"为什么"。使用指南向创建元数据记录的人们提供指导，因此最好对每项属性进行解释，并在创建元数据过程中提供决策帮助。出现在应用指南的规则包括：①多作者的作品，作者顺序及最多包含数（如前 3 个、不超过 20 个等）；②如何使用规定的文档类型术语定义文档类型；③最小数据项定义；④字符串中字符集、标点和缩写等使用。

科技计划项目元数据框架应用指南重点内容应包括：①科技计划项目元数据应用层设计。元数据应用层是为满足元数据互操作性而建立的，通常由一个或若干个元素集组成。应用层通过"强烈推荐""任选"等来描述实施过程中必备、可选等元素。应用层揭示了组织或机构优选哪种元素集，提供对每一个元素的指导和最优方法，对特定领域内变化的可能性作出判断。②科技计划项目元数据著录指南。著录指南主要为消除元数据著录应用时的不一致、模糊性而设计。例如，"科技计划项目管理信息系统"是所有责任者都认为很重要的元素，管理信息系统能提供关于科技计划的很多相关信息，并具有很多功能，如科技计划项目申报功能、科技计划项目结题验收功能等。但对实际科技计划进行计划级元数据著录时，可能会遇到很难找到或需要权限获取网址等问题。

7.3 我国科技计划项目元数据框架共享技术工具研究

7.3.1 科技计划项目元数据 XML 表示研究

采用 XML 表示元数据已成为国内外元数据研究和实践的普遍共识。在我国，国家社科基金重点项目"基于 XML 电子文件管理元数据标准研究"对电子文件管理元数据语义描述标准化、XML 在电子文件元数据管理中的应用、PREMIS XML 模式设计等开展了深入分析，研究形成了电子文件管理元数据的宏观框架结构，电子文件管理元数据描述方式，时间、责任者、关系等具体元数据项的语义结构描述等成果。

GB/T 24639—2009《元数据的 XML Schema 置标规则》[168]规定了用 W3C XML Schema 定义元数据内容，适用于在进行元数据采集、加工、存储、共享和交换时，需要将各种元数据内容用 XML Schema 定义的场合。GB/T 29807—2013《信息技术 学习、教育和培训学习对象元数据 XML 绑定规范》[169]规定了学习对象元数据的 XML 语言描述语法。

CERIF XML Schema 1.6 定义采用了分面技术，将第一层和不同层多次出现的 53 个实体作为主实体进行全局定义，并对所有数据类型采用命名的定义方式，定义一系列具有名称的类型，通过"type="结构来加以应用（如 <xs：element name="cfLang" type="cfLang_Type" />）包括简单类型、复杂类型（包括属性）和组 3 类。

7.3.2 科技计划项目元数据管理系统研究

鉴于当前科技计划项目各计划主体、各计划项目和课题的复杂性，科技计划项目资源配置元数据方案不可能建立各主体必须遵循的元数据标准，其设计必须考虑不同信息系统、不同功能和环境等。

7.3.2.1 多来源科技计划项目元数据收割

图 7-1 是采用元数据收割方案构建的来自不同组织、不同机构的科技计划项目元数据的信息系统模型（如来自不同计划项目、不同计划管理部门的科技报告元数据汇集），系统中的科技计划项目元数据采用 DC 格式。

用元数据收割方案开展科技计划项目元数据配置，可能会产生如下问题。①缺失元数据项：收割的元数据缺少需要的元数据项；②不正确的数据：元数据值不符合标准元数据使用的规范值；③混乱的数据：同一元数据元素可能会有不同的值，并混有别的标记，如 HTML 标记；④不完整的数据：如主题词、学科分类没有提供参考受控词表、分类表等。因此，科技计划项目元数据信息系统需要通过技术手段设置，开展元数据质量的校验，即图 7-1 中的质量校验。

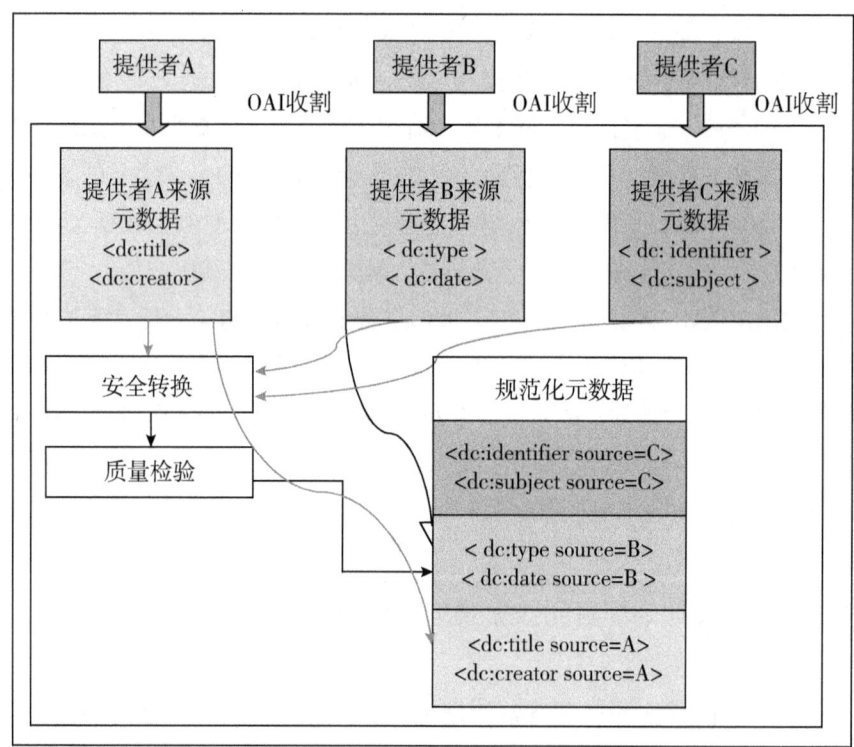

图 7-1　多来源科技计划项目元数据收割系统

7 科技计划项目元数据框架面向共享的方法和工具研究

7.3.2.2 科技计划项目元数据注册

结合国内外相关研究成果与实践，本研究提出了我国科技计划项目元数据注册管理系统的功能分析模型，如图7-2所示。在元数据注册管理系统中，需要对更新的元数据建立变化前元数据和变化后元数据的映射关系，实现可查询、可追溯。

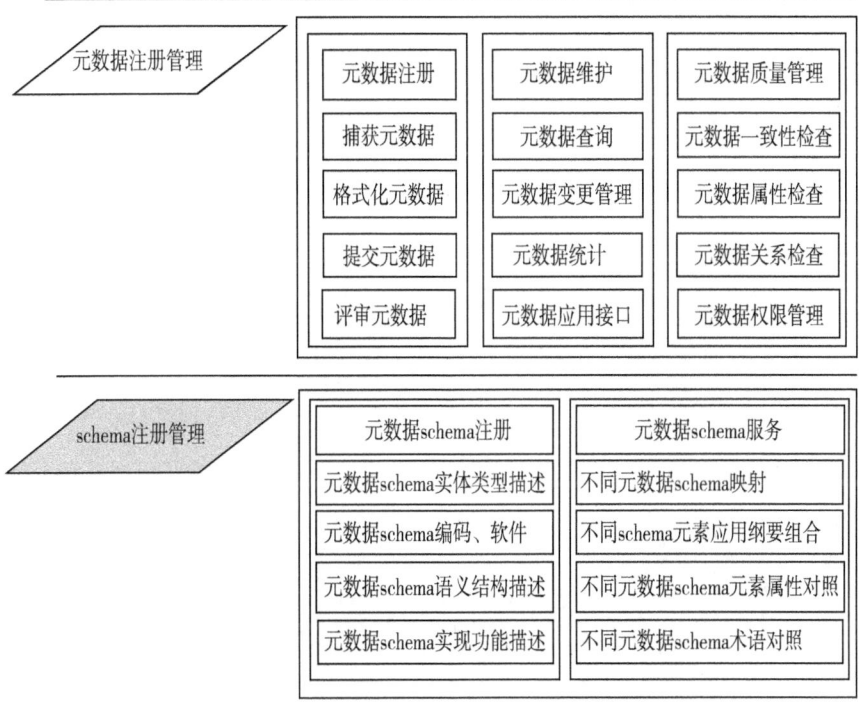

图7-2 我国科技计划项目元数据注册管理系统

7.4 小 结

本章主要开展了国内外科技计划项目元数据共享环境及技术方法研究，包括国内外科技计划项目元数据共享环境分析、国内外科技计划项目元数据共享和互操作主要技术方法研究、国外科技计划项目元数据共享案例分析。在此基础上，开展了我国科技计划项目元数据框架共享方

139

面向共享的科技计划项目元数据框架

法研究,包括编制和应用相关元数据技术标准、采用节点控制实现元数据应用、编制科技计划项目元数据框架应用指南、动态维护科技计划项目元数据框架;还开展了我国科技计划项目元数据共享技术工具研究,包括 XML 表示、建立科技计划项目元数据管理系统等。

本章主要从元数据框架宏观层面开展科技计划项目元数据框架共享方法和工具研究,在元数据元素集层面,还有一些具体的共享方法及应用工具需要进一步研究。

8 国家科技重大专项元数据框架案例研究

国家科技重大专项（national science and technology major project，NMP）是为了实现国家目标，通过核心技术突破和资源集成，在一定时限内完成的重大战略产品、关键共性技术和重大工程。《国家中长期科学和技术发展规划纲要（2006—2020年）》确定了大型飞机等16个重大专项，这些重大专项是我国到2020年科技发展的重中之重。国家科技重大专项是典型的具有"跨学科、跨领域、跨机构"特征的"三跨"项目，既具有一般科技计划项目的共性特征，又有管理层级多、难度大、创新成果多、项目周期长、项目不可预测性高等特点。构建国家科技重大专项元数据框架对于加强重大专项全生命周期科学管理，提升科技重大专项项目信息开发和综合集成，探索构建大科学项目 E-Science 科研环境等具有技术支撑意义。

8.1 国家科技重大专项项目及其元数据需求特征

8.1.1 国家科技重大专项项目概况

《国家中长期科学和技术发展规划纲要（2006—2020年）》[170]指出，围绕国家目标组织实施重大专项计划是提高国家竞争力的重要措施。2006—2014年《国家科技计划年度报告》[171]都有科技重大专项专题报告，从这些年度报告中可以看出，我国科技重大专项生命周期可分为专项策划、方案批准、实施和总结验收4个阶段,并将"科技评估"贯穿于重大专项的整个管理过程中。国家科技重大专项生命周期中包括如下关键活动。

(1)重大专项实施方案

2006年年末,16个重大专项的实施方案编制工作取得显著进展,大部分重大专项已基本完成实施方案编制工作。

目标:突出重点,明确目标;注重继承,加强衔接;创新机制,保证成效;集思广益,科学决策。

方式:每个专项由技术、产业、经济和管理等各方面的专家负责组建。采取集中脱产的工作方式,广泛调研、多方听取和征求意见。

统计:共有380多名专家直接参加了实施方案编制工作。共计召开各类研讨会、座谈会120多次,上千名专家参加了咨询工作。

2015年科技部重大专项办[172]关于重大专项组织管理的经验教训包括:应用牵引、产学研用相结合的组织实施经验值得推广;要及时研究解决重大专项实施过程中的突出问题,如重大专项的组织管理效率有待提高,现行经费管理方式脱离科研实际,立项审批周期过长,相关监督检查和验收过繁过细,影响科研工作的正常开展等。

(2)重大专项实施方案论证

指导文件:《关于重大专项实施方案编制和论证有关要求的通知》《关于进一步加强科技重大专项概(预)算编制工作的若干意见》。

方式:组建论证专家委员会,研究制定论证程序和规范。每个专项的实施方案论证工作分为一般性论证、调研考察、深入论证和形成论证意见4个阶段。

统计:9个专项的论证委员会成员共245人,其中院士66人,每个专项的论证委员会由30人左右组成,充分考虑部门、地方、企业代表的广泛性,金融、经济、管理方面的专家占30%以上;以产业为目标的专项,企业专家占30%以上,并有用户代表参加。

2007年论证工作共组成调研组30多个,现场考察调研了200多家单位,召开座谈会听取了500多家单位的情况介绍。

(3) 重大专项实施

指导文件:《国家科技重大专项管理暂行规定》《关于抓紧做好科技重大专项启动实施有关工作的通知》《民口科技重大专项资金管理暂行办法》《国务院关于发挥科技支撑作用促进经济平稳较快发展的意见》(国发〔2009〕9号)《国家科技重大专项知识产权管理暂行规定》《关于科技重大专项进口税收政策的通知》《民口科技重大专项管理工作经费管理暂行办法》。

实施:各专项编制专项实施计划,经领导小组审议后,由三部门进行综合平衡。各专项根据综合平衡意见,对实施计划进行修改完善,向财政部提交经费预算申请,财政部组织专家进行评审。

保障措施:组建实施管理办公室和总体组,具体负责专项的组织实施工作。

组织实施:科技部成立重大专项办公室,财政部成立重大专项处,国务院于2009年明确了各专项第一行政负责人和专职技术负责人,强化了各方职责,形成了行政和技术两条线的管理体系。

统计:截至2010年年底,重大专项在电子与信息、能源与环保、生物与医药、先进制造等关键领域部署各类课题共3000多个,涉及中央财政经费近500亿元,带动社会投入500亿元以上。2011年,民口10个重大专项新启动项目课题657个,涉及中央财政经费约240亿元,其中由企业牵头承担的经费占总经费的72%。

(4) 总结验收

指导文件:《国家科技重大专项项目(课题)验收暂行管理办法》《国家科技重大专项(民口)档案管理规定》《国家科技重大专项项目(课题)任务验收工作抽查实施方案》。

实施:在2011年陆续启动项目(课题)验收工作的基础上,多个专项制定了验收管理实施细则,采取"课题群"验收、第三方机构独立评估、加强验收前审查、强化用户评估等方式,提升验收工作质量。截至2012年年底,民口专项共验收课题2112个。

成果产业化:强化产学研用结合,加强跨专项联合攻关,加强与科技计划衔接,建立中央地方协同机制。国家开发投资公司[173]设立了重

面向共享的科技计划项目元数据框架

大专项成果转化基金,希望创造一种模式把科技、创新、金融、政策、产业循环起来,发挥我国集中力量办大事的优势,形成专项成果转化的新局面。

(5)监督评估

监督评估贯穿科技重大专项项目整个生命周期中。

监督评估机制:探索建立制度化的监督评估长效机制,研究制定了2010年监督评估方案和工作指南,完善了指标体系和工作流程,按板块成立了4个监督评估组。

实施:2012年重大专项监督评估又增加了绩效评估的内容。三部门借鉴国际先进评估理念,创新完善监督评估工作方案,强调将重大专项实施进展与原定目标进行"对表"。2012年7—8月,各专项认真开展自查,总结形成专项自查报告;9—11月,监督评估组采取多种方式,点面结合,进行深入细致的调研和评估,形成了1份总报告、4份板块报告、10份专项监督评估报告及54期监督评估快报。

8.1.2 国家科技重大专项项目元数据需求分析

国家科技重大专项聚焦国家重大战略产品和产业化目标,具有研究规模大、管理内容复杂、组织形式多样、人员分工专业化、利益相关者众多、成果类型多等特点,国家科技重大专项过程性数字化数据和结论性成果性数据体现了国家重大科技历史,价值极大,需要有效地梳理、共享和保存。国家科技重大专项元数据作为描述科技重大专项项目背景、业务流程及成果等多层次对象的结构化描述语言和工具,在科技重大专项信息管理系统设计、专项科学管理及成果共享活动中是重点关注的技术措施。

国家科技重大专项元数据应包括文件元数据、责任者元数据、成果元数据、财务元数据、风险元数据、质量元数据、知识产权元数据等元数据类型。国家科技重大专项信息系统适应元数据的相关功能包含:①项目文档存储功能;②项目协同功能;③资金管理功能;④人力资源管理功能；⑤项目过程管理功能；⑥风险管理功能；⑦质量管理功能；⑧项目评估功能；⑨知识产权管理功能；⑩成果及产业化管理功能。国家科技重大专项元数据元素可从科技计划管理信息系统和各专项信息系统中收集、获取基本元数据项。然而，能够以元数据形式在科技计划管理信息系统和各专项信息系统中明确捕获的背景信息实际上是有限的，更多的背景信息存在于国家科技重大专项任何一个信息系统的边界之外，需要进行分析、整理等显性化处理。因此，国家科技重大专项元数据管理机制应是动态的，并始终能在需要时及时增加新的元数据。

表8-1对科技重大专项重点要素及对应元数据需求进行了相应的对照分析。

表8-1 科技重大专项重点要素及对应元数据需求分析

重点要素	对应元数据需求	对应元数据构建
项目档案（文件）管理	科技重大专项项目文档元数据用于系统有效记录重大专项管理过程中产出的电子文件（如视频评审等）的内容特征、形式特征、背景和管理过程信息	在满足科技重大专项文档元数据功能需求分析基础上，具体元数据元素可参考档案行业标准《文书类电子文件元数据方案》（DA/T 46—2009）及《福建省科技厅科技计划项目电子文件元数据规范》等，并可参考"国家电子文件支撑平台系统建设"项目的电子文件管理业务需求元数据
人力资源管理	科技重大专项项目人才元数据用于记录重大专项项目人才、组织人才、评审人才等	参考《国家科技专家库管理办法(试行)》，分析科技重大专项人才元数据功能需求，具体元数据元素可参考科技人才元数据元素集国家标准（GB/T 35397—2017）
知识产权管理	用于建立各重大专项本领域知识产权专题数据库，记录重大专项知识产权任务及项目（课题）知识产权验收、知识产权的转移和应用	参考《国家科技重大专项知识产权管理暂行规定》，分析科技重大专项知识产权元数据功能需求，具体元数据元素可包括知识产权类别、申请号和授权（登记）号、申请日和授权（登记）日、权利人、权利状态等

续表

重点要素	对应元数据需求	对应元数据构建
项目过程管理	用于标注科技重大专项项目任务分配、项目工作具体内容、项目活动分期目标、项目活动时间节点等	参考本书5.4.3.2"科技计划项目业务元数据——以过程管理业务为例",复用时间元数据来标注项目过程关键节点,时间元数据贯穿各科技重大专项元数据实体中
项目评估监督管理	用于记录科技重大专项项目质量监督、项目评估、改进措施等	参考《国务院关于优化科研管理提升科研绩效若干措施的通知》,分析重大专项监督评估活动,以及项目执行阶段中国际国内同行评议、技术和产品成果转化及社会效益、应用示范规模化应用及行业推广、技术指标刚性要求等相关绩效评价指标,确定相关元数据
项目财务管理	用于记录科技重大专项资金投入机构、各合作主体资金投入与项目匹配程度、各合作主体项目资金分配、人力资源激励、项目成果转化资金投入、项目经济效益分配等	参考《国家科技重大专项(民口)项目(课题)财务验收办法》,分析预算管理、资金管理、合同管理、政府采购、审批报销、资产管理和内部控制等相关管理中的元数据功能需求
项目风险管理	用于记录科技重大专项项目风险管理规划、项目风险识别、项目风险分析、项目风险的对策建议、项目风险的应对和控制等	参考相关风险管理文献,分析重大专项技术风险、费用风险、进度风险、管理风险、保密风险等风险类别及应急计划中的关键要素,确定相关元数据
项目成果管理	用于记录科技重大专项项目产生的关键技术、重要技术和产品、重大装备,以及知识产品的内容和知识产权描述相关信息	参考《关于国家科技重大专项落实科技报告制度有关工作的通知》,以及国家科技重大专项网站(http://www.nmp.gov.cn/gzxgz/yqtmc/)中关于各专项进展的相关报道,分析科技重大专项元数据的功能需求,具体类型成果元数据项可参考各相关元数据标准,如《科技报告元数据规范》(GB/T 30535—2014)、《生态科学数据元数据》(GB/T 20533—2006)等

8.2 国家科技重大专项元数据实体及相互关系研究

8.2.1 多实体国家科技重大专项元数据领域模型

在元数据领域，元数据实体是指具有某种共同特征的一组元数据集合，ISO 23081 采用文件元数据领域中的文件、人员、业务和法规要求 4 类实体及其相互关系的元数据概念模型，揭示了文件管理生态环境中的元数据概念体系框架。在科研领域，欧盟向其成员国推荐的常用欧洲研究信息格式 CERIF，通过项目、人、组织等元数据实体显示研究对象、研究活动、研究结果及相互关系。CCLRC 科学元数据模型构建了包括政策、项目、研究和调查（包括实验、测量、模拟不同类别）等实体的多层级科学活动数据模型。结合国家科技重大专项项目特点，采用平面的元数据元素集很难满足项目过程描述需求和共享功能，国家科技重大专项项目元数据拟采用本研究的元数据框架设计思路，采用多实体元数据实现国家科技重大专项元数据领域模型描述，从宏观层次规范元数据功能、数据结构、格式、语义、语法等内容，并在此基础上借鉴 DC 元数据等通用描述元数据从微观层次对国家科技重大专项元数据元素进行定义和描述。

为避免 Asserson 等[81]指出的 CERIF91 以单一实体为中心出现的各种应用问题，国家科技重大专项元数据实体拟采用 CERIF2000 的设计思想，设置实体并通过角色、时间等属性进行实体间的关联。由于国家科技重大专项项目具有周期长、管理层级复杂、成果类型多样化等特征，只采用 CERIF2000 3 个基本实体模型——项目（project）、人员（person）、组织机构（organisational unit）——不能完全满足元数据设计的功能需求，因此，还需要借鉴 CERIF1.6[174]的多实体及实体结构化（基本实体、成果实体、2 级实体、链接实体等）设计思想，开展国家科技重大专项元数据实体类型设计。

参照 ISO 23081-2 的多元数据实体模式，结合国家科技重大专项项目全生命周期活动及信息共享要求，国家科技重大专项元数据实体可划分

面向共享的科技计划项目元数据框架

为基本实体、成果实体、授权实体、评估实体及链接实体五大类,其类型及含义如表 8-2 所示。

表 8-2 国家科技重大专项元数据实体类型

中文名称	英文名称	含义
基本实体	basics entity	以国家科技重大专项的项目、责任者、机构、信息(文件、档案)基本要素为描述对象的元数据集合
成果实体	results entity	描述国家科技重大专项的专利、产品、出版物及相关奖励等战略性成果的元数据集合
授权实体	mandate entity	描述规范和保障国家科技重大专项顺利开展的政策法规、经费、活动过程的服务及事件的元数据集合
评估实体	evaluation entity	描述国家科技重大专项风险、综合绩效及信用等评估类元数据集合
链接实体	link entity	描述各实体之间的关联关系的逻辑类实体

与表 5-3 所示的一般科技计划项目元数据六大类实体类型(项目实体、文件实体、业务实体、责任者实体、授权实体和成果实体)相比,国家科技重大专项项目将一般科技计划项目的文件、项目、责任者 3 类实体合并为基础实体,对一般科技计划项目的业务实体进行了细化,扩展为授权实体和评估实体两类,并将奖励实体归入成果实体中,同时增加了链接实体。

国家科技重大专项元数据实体框架模型如图 8-1 所示。

8 国家科技重大专项元数据框架案例研究

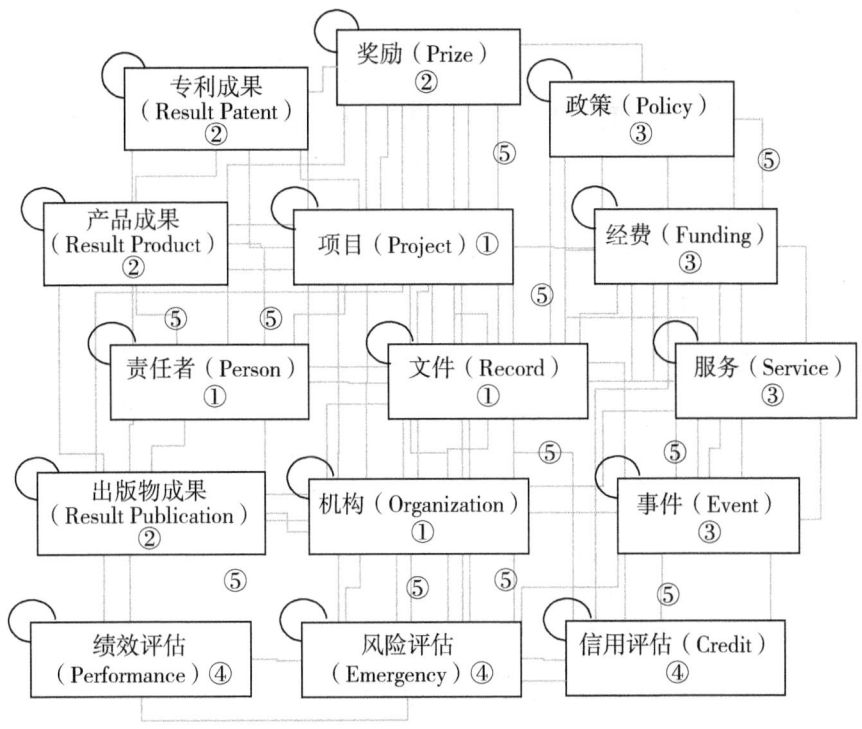

图 8-1 国家科技重大专项元数据实体框架模型

为便于理解，本研究中科技重大专项复合词元素名采用小骆驼拼写法（lower camel case）标识，即第一词的首字母大写，后面每个词的首字母大写，部分太长的英文可用缩写。元数据元素名可用元素英文名加上 nmp 前缀（nmp 为国家科技重大专项英文缩写）来标识，如国家科技重大专项事件元数据元素名为 nmpEvent、产品成果元数据元素名为 nmpResultProduct、责任者出生日期元数据元素名为 nmpPersonBirthday。

从图 8-1 中可以看出，国家科技重大专项元数据包括基本实体（项目、责任者、文件、机构）、成果实体（专利、产品、出版物、奖励）、授权实体（政策、经费、服务、事件）、评估实体（风险、评估监督）及链接实体（各实体之间的关联关系采用链接实体来实现）五大类，基本涵盖了表 8-1 中的国家科技重大专项元数据功能需求。图 8-1 中的链接实体包括实体内部链接（小圆弧部分）和实体间链接（折线部分）两种链接类型，其中实体内部链接可以表示为 nmpProject_Project（项目与项目间链接)、nmpEvent_Event(事件与事件间链接)等,实体间链接可表示为 nmpResultProduct_Person(产品成果与责任者间链接)、nmp Funding_Record(经费与文件间链接)等,这种柔性的链接方式能最大程度满足国家科技重大专项层级复杂、项目元数据功能需求众多的特点。

与平面的元数据方案相比,国家科技重大专项多实体元数据框架采用图 8-1 所示的多实体领域模型,具有模块化、关联性、可扩展等优点。①模块化:图 8-1 所示的国家科技重大专项元数据实体框架模型都是按照同样的原则分析功能需求而构建的,每个元数据实体都可按照 DC 元数据元素的方式开展具体元数据设置,并可以按照功能需求进行增减,如在具体元数据元素层级进行修改,不会对整个元数据框架产生影响。②关联性:国家科技重大专项元数据实体间通过链接实体发生关联,如责任者实体和项目实体,通过责任者在项目中的角色、责任者参加项目的开始时间和结束时间发生关联,如图 8-2 所示。③可扩展:国家科技重大专项元数据框架采用多实体柔性化设计方案,由于通过具有语义含义的链接实体发生实体间的关联,因而可以像搭建积木一样,根据分类、角色、任期、类型等不同含义进行组合,具体实体也可以根据元数据需要实现的功能进行增删。

图 8-2 关联实体链接两个实体示例

8.2.2 国家科技重大专项元数据实体及相互关系研究

(1) 基本实体及相互关系研究

图 8-3 来自图 8-1,表示了国家科技重大专项基本实体及相互关系。从图 8-3 中可以看出,基本实体包括项目、责任者、文件、机构 4 个实

体（nmpProject、nmpPerson、nmpRecord、nmpOrganization），4个实体内部链接包括nmpProject_Project（项目与项目间链接）、nmpRecord_Record（文件与文件间链接）、nmpPerson_Person（责任者与责任者间链接）、nmpOrganization_Organization（机构与机构间链接）。实体间链接包括nmpProject_Person（项目与责任者间链接）、nmpProject_Organization（项目与机构间链接）、nmp Project_Record（项目与文件间链接）、nmpRecord_Organization（文件与机构间链接）、nmp Record_Person（文件与责任者间链接）、nmpOrganization_Person（机构与责任者间链接）6种。

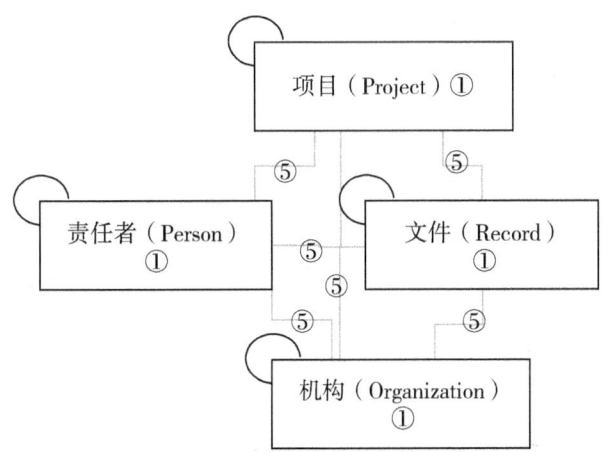

图8-3 国家科技重大专项基本实体及相互关系

从元数据层面看，项目实体包括项目代码（nmpProjectID）[①]、项目简介（nmpProjectAttribute）、项目网站（nmpProjectURI）、项目开始及结束时间（nmpProjectStartdate、nmpProjectEnddate）等基本元数据元素。从外部链接看，项目实体与其他所有实体间都通过时间元素发生关联。

从元数据层面看，人员（责任者）实体包括人员编码（nmpPersonID）、出生日期（nmpPersonBirthday）、性别（nmpPersonGender）、联系方式（nmpPersonPhone及nmpPersonEmail）、角色（nmpPersonRole）等基本元数据元素。从外部链接看，人员实体与其他所有实体间都通过时间元素

---

① 由于英文标签比较长，元数据元素标签采用英文缩写表示。

151

面向共享的科技计划项目元数据框架

发生关联。

从元数据层面看，机构实体包括机构代码（nmpOrganizationID）、机构简介（nmpOrganizationAttri）、机构网址（nmpOrganizationURI）等基本元数据元素。从外部链接看，机构实体与其他所有实体间都通过时间元素发生关联（其中人员链接中包括有基本元素项目负责人）。

从元数据层面看，文件实体包括文件标识符（nmpRecordID）、来源（nmpRecordSource）、文件简介（nmpRecordAttri）、权限管理（nmpRecordRight）等基本元数据元素。从外部链接看，文件实体与其他所有实体间都通过时间元素发生关联。

（2）成果实体及相互关系研究

图8-4同样来自图8-1，显示了国家科技重大专项成果实体及相互关系。从图8-4可以看出，成果实体包括出版物、产品、专利、奖励4个实体（nmpResultPublication、nmpResultProduct、nmpResultPatent、nmpPrize），其中奖励实体放入成果实体，是基于科技奖励，一般是在项目完成取得成果后才开展的。成果实体内部链接包括 nmpResultPublication_

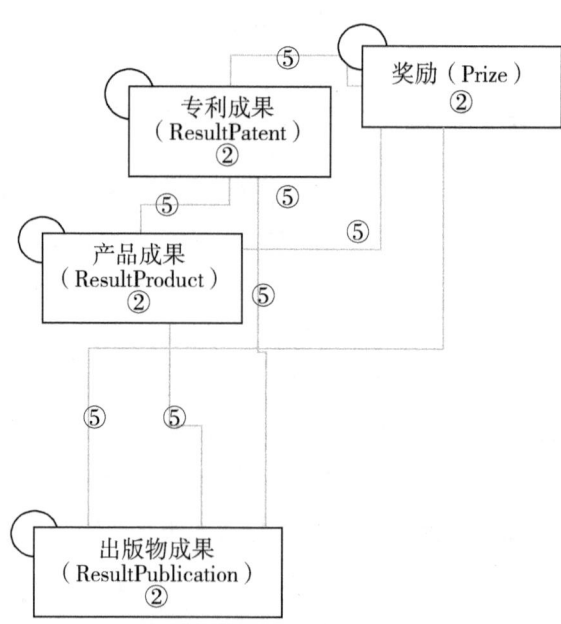

图8-4 国家科技重大专项成果实体及相互关系

ResultPublication（出版物与出版物间链接）、nmpResultProduct_ResultProduct（产品与产品间链接）、nmpResultPatent_ResultPatent（专利与专利间链接）、nmpPrize_Prize（奖励与奖励间链接）。成果实体间链接包括nmpPrize_ResultPatent（奖励与专利间链接）、nmpPrize_ResultProduct（奖励与产品间链接）、nmp Prize_ResultPublication（奖励与出版物间链接）、nmpResultPatent_ResultProduct（专利与产品间链接）、nmpResultPatent_ResultPublication（专利与出版物间链接）、nmpResultProduct_ResultPublication（产品与出版物间链接）6种。

从元数据层面看，出版物成果实体包括类型（nmpResultPublicationType，如论文、专著等）、题名（nmpResultPublicationTitleact）、摘要（nmpResultPublicationAbstract）、关键词（nmpResultPublicationKeyword）、出版物代码（nmpResultPublicationID，如ISSN、ISBN、URI、DOI等）、出版日期（nmpResultPublicationDate）、起始页码（nmpResultPublicationStartPage）、结束页码（nmpResultPublicationEndPage）、总页数（nmpResultPublicationTotalPages）等基本元数据元素。从外部链接看，出版物成果实体与项目、责任者、文件、机构4个基本实体相关联，与成果实体的产品、专利、奖励发生关联，并与政策、经费、风险、评估监督等实体间通过时间元素发生关联。

从元数据层面看，产品成果实体包括类型（nmpResultProductType，如蚀刻机、新药等）、名称（nmpResultProductName）、简介（nmpResultProductAbstract）、编号（nmpResultProductID）、批准日期（nmpResultProductApprovalDate）、价格（nmpResultProductPrize）等基本元数据元素。从外部链接看，产品成果实体与其他所有实体间通过时间元素发生关联。

从元数据层面看，专利成果实体包括类型（nmpResultPatentType，如新型实用、发明、外观）、题名（nmpResultPatentTitle）、国别（nmpResultPatentCountry）、简介（nmpResultPatentAbstract）、专利号（nmpResultPatentID）、公告日期（nmpResultPatentPublicationDate）等基本元数据元素。从外部链接看，产品成果实体与其他所有实体间通过时间元素发生关联。

从元数据层面看，奖励实体包括类型（nmpPrizeType，如自然科学奖、技术发明奖、科技进步奖、省级科学技术奖等）、等级（nmpPrizeLevel）、获奖项目（nmpPrizeProject）等基本元数据元素。从外部链接看，奖励实体与项目、人员、文件、机构4个基本实体相关联，与成果实体的出版物、产品、专利发生关联，并与评估实体间通过时间元素发生关联。

（3）授权实体及相互关系

图8-5来自图8-1，显示了国家科技重大专项授权实体及相互关系。从图8-5可以看出，授权实体包括政策、经费、服务、事件4个实体（nmpPolicy、nmpFunding、nmpService、nmpEvent），授权实体内部链接包括nmpPolicy_Policy（政策与政策间链接）、nmpFunding_Funding（经费与经费间链接）、nmpService_Service（服务与服务间链接）、nmpEvent_Event（事件与事件间链接）。授权实体间链接包括nmpPolicy_Funding（政策与经费间链接）、nmpPolicy_Service（政策与服务间链接）、nmpPolicy_Event（政策与事件间链接）、nmpFunding_Service（经费与服务间链接）、nmpFunding_Event（经费与事件间链接）、nmp Service _ Event（服务与事件间链接）6种。

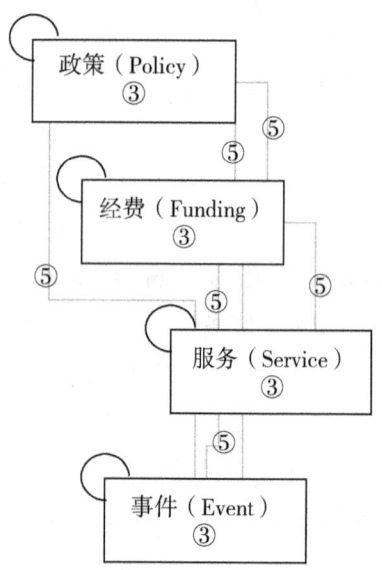

图8-5　国家科技重大专项授权实体及相互关系

从元数据层面看，政策实体包括政策发布日期（nmpPolicyIssueDate）、发布文号（nmpPolicyIssueID）、政策简介（nmpPolicyAbstract）、显示网址（nmpPolicyIssueWeb）等基本元数据元素。从外部链接看，政策实体与其他

8 国家科技重大专项元数据框架案例研究

所有实体间都通过时间元素发生关联（其中机构链接中包括基本元素发布机构）。

从元数据层面看，经费实体包括经费来源（nmpFundingResource）、经费数量（nmpFundingAmount）、经费明细（nmpFundingBreakdown）等基本元数据元素。从外部链接看，经费实体与项目、责任者、文件、机构4个基本实体相关联（其中文件链接中包括基本元素经费批准文件、经费预算表、经费决算表等），与成果实体的出版物、产品、专利、奖励发生关联，并与政策、服务、事件、风险、评估监督等实体间通过时间元素发生关联。

从元数据层面看，服务实体包括服务类型（nmpServiceType，如大型仪器共享、科技创新券发放、科技查新等）、服务简介（nmpServiceAbstract）、服务开始和结束时间（nmpServiceStartdate、nmpServiceEnddate）等基本元数据元素。从外部链接看，服务实体与项目、人员、文件、机构4个基本实体相关联，与政策、经费、事件、风险、评估监督等实体间通过时间元素发生关联。

从元数据层面看，事件实体包括事件名称（nmpEventName，如公示、年度报告、立项评审、中期评估、结题验收等）、事件简介（nmpEventAbstract）、事件开始和结束时间（nmpEventStartdate、nmpEventEnddate）等基本元数据元素。从外部链接看，事件实体与项目、人员、文件、机构4个基本实体相关联，与政策、经费、服务、风险、评估监督等实体间通过时间元素发生关联。

（4）评估实体及相互关系

图8-6来自图8-1，显示了国家科技重大专项评估实体及相互关系。从图8-6可以看出，评估实体包括绩效评估、风险评估和信用评估3个实体（nmpPerformance、nmpEmergency、nmpCredit）。评估实体内部均自身链接，如nmpEmergency_Emergency（风险与风险间链接）；评估实体间两两链接，如nmpEmergency_Credit（风险与信用间链接）。

图8-6 国家科技重大专项评估实体及相互关系

从元数据层面分析,绩效评估实体包括绩效评估类型(nmpMeasurementType,如财务评估、项目评估、成果评估等)、绩效评估指标(nmpEmergencyIndicator)、绩效评估开始和结束时间(nmpMeasurementStartdate、nmpMeasurementEnddate)等基本元数据元素。风险评估实体包括风险名称(nmpEmergencyName)、风险简介(nmpEmergencyAbstract)、风险预警(nmpEmergencyWarning)、风险应对(nmpEmergencyFeedback)等基本元数据元素。信用评估实体包括信用评估类型(nmpCreditType,如责任者评估、机构评估等)、信用评估指标(nmpCreditIndicator)、信用评估开始和结束时间(nmpCreditStartdate、nmpCreditEnddate)等基本元数据元素。

从外部链接看,绩效评估实体、风险评估实体、信用评估实体与项目、责任者、文件、机构4个基本实体相关联,与成果实体的出版物、产品、专利、奖励发生关联,与政策、经费、服务、事件等实体间通过时间元素发生关联。评估实体包括风险和评估监督两个实体(nmpEmergency、nmpMeasurement)。评估实体内部链接包括nmpEmergency_Emergency(风险与风险间链接)、nmpMeasurement_Measurement(评估监督与评估监督间链接);评估实体间链接包括nmpEmergency_Measurement(风险与评估监督间链接)。

8.2.3 多实体国家科技重大专项元数据元数集设计研究

国家科技重大专项元数据可以有效地实现对国家科技重大专项数字资源信息的描述,确保数字资源能够被准确及时地识别、定位及获取,多实体国家科技重大专项元数据元数集设计时必须满足对国家科技重大专项多实体的全方位信息描述。

考虑国家科技重大专项元数据框架多实体特征,其元数集设计首先应将各个实体需要实现的元数据功能进行梳理,并对各个实体间的交叉关联进行分析。表8-3是基本实体元数据功能梳理后形成的元素。

8 国家科技重大专项元数据框架案例研究

表 8-3 基本实体元数据元素

元素	子元素名	子元素标签	定义
项目 （Project）	nmpProjName	项目名称	项目的正式名称
	nmpProjID	项目标识符	用以标识项目的明确唯一的字符串
	nmpProjDescr	项目简介	项目基本信息的描述
	nmpProjURI	项目网站	项目开展活动的 URL
	nmpProjStartdate	项目开始日期	项目立项时间
	nmpProjEnddate	项目结束日期	项目结题时间
	nmpProject_Project	项目与项目间链接	项目之间的关系描述，如子项目、子课题等
责任者 （Person）	nmpPersName	责任者名称	责任者姓名信息描述
	nmpPersID	责任者标识符	用以标识责任者的明确唯一的字符串
	nmpPersBirthday	出生日期	责任者出生日期
	nmpPersGender	性别	责任者性别
	nmpPersPhone	电话	责任者联络的电话
	nmpPersEmail	电子邮箱	责任者联络的 E-mail 地址
	nmpPerson_Person	责任者与责任者间链接	责任者在项目活动中的关系描述
	nmpPerson_Project	责任者与项目间链接	责任者在项目中的任务分工描述
	nmpPerson_Org	责任者与机构间链接	责任者在机构中的职务或岗位描述

续表

元素	子元素名	子元素标签	定义
机构（Organization）	nmpOrgName	机构名称	机构的正式名称
	nmpOrgID	机构标识符	用以标识机构的明确唯一的字符串
	nmpOrgDescr	机构简介	机构基本信息描述，包括机构类型、发展历史等
	nmpOrgURI	机构网址	机构主页的 URL
	nmpOrg_Org	机构与机构间链接	机构与机构在项目中的角色关系描述
	nmpOrg_Project	机构与项目间链接	机构在项目中的任务分工描述
文件（Record）	nmpRecoID	文件标识符	用以标识文件的明确唯一的字符串
	nmpRecoDescr	文件简介	文件基本信息描述
	nmpRecoRight	文件权限	文件获取范围等信息描述
	nmpRecord_Record	文件与文件间链接	文件与文件间替代、关系描述
	nmpRecord_Project	文件与项目间链接	文件与相关项目的所属或关联等关系描述
	nmpRecord_Org	文件与机构间链接	文件与相关机构的发布或实施对象等关系描述
	nmpRecord_Event	文件与事件间链接	文件与相关事项间产生或规范等关系描述

表 8-3 中各实体元数据复用了标识符（identifier）、名称（name）、时间（time）、简介（description）等都柏林核心元数据及 CERIF 中的通用元数据元素，便于科技重大专项元数据的共享和互操作，表 8-3 中元数据的描述属性包括便于计算机编码识别的英文小写元素名、便于人阅读的标签、来自术语集中的定义集注释等。

另外，多实体国家科技重大专项元数据集设计时，表 8-2 中的链接实体元数据通过起始时间和终止时间进行标记，这样即使发生某些改变，如成员变更等，也不需要变更关系，只是将新关系标记开始时间插入即可，这种处理方式可确保国家科技重大专项历史元数据的保存和可追溯。表8-4以表8-3中的部分链接元数据为例，对部分链接实体开展了元数据描述。

表8-4 国家科技重大专项链接实体元数据描述示例

链接元数据元素	实体1标识	实体2标识	链接类型标识	开始时间	结束时间
nmpProject1_Project2	Project1-ID	Project2-ID	子项目（subitem）	2007-01-01	2010-12-31
nmpPerson1_Person2	Person1-ID	Person2-ID	主管（supervisor）	2004-01-13	2011-11-27
nmpPerson1_Project2	Person1-ID	Project2-ID	参与人（participant）	2007-01-01	2010-12-31
nmpOrg1_Org2	Org1-ID	Org2-ID	从属（part of）	1990-12-01	—
nmpRecord1_Event2	Record1-ID	Event2-ID	产生（generation）	2009-01-13	2010-11-12

从表8-4中可以看出，国家科技重大专项元数据间的链接主要基于链接类型标识实现语义链接，为有效规范链接实体类型，需要国家科技重大专项链接类型规范文档，对所有链接类型标识进行层级化规范，如项目间链接类型设置"项目层级"（project structure）大类、项目与责任者链接类型设置"责任者角色"（person role）大类，并在大类下列出具体的链接类型。链接实体元数据通过元数据标识符在语义层实现其功能。

8.3 国家科技重大专项元数据框架应用研究

多实体、多层级的国家科技重大专项元数据框架适应了国家科技重大专项层级多、项目复杂等特征，为分散、异构的国家科技重大专项项目数据的数字化管理提供了有效的工具。本章的国家科技重大专项元数

面向共享的科技计划项目元数据框架

据框架融合了都柏林核心元数据框架、通用欧洲研究信息格式（CERIF）元数据模型等国内外元数据研究和实践成果，研究采用的语义层链接实体方案拓展了元数据框架模型构建思路，采用的具有子元素层级的国家科技重大专项元数据元素设计在实践中具有可操作性。

在实际应用中，多实体的国家科技重大专项元数据元素需要在实践中反复验证和修改，并从多实体层面考虑为国家科技重大专项信息系统的用户界面简洁性方面提供可操作的技术保障。

9 结 论

9.1 研究结论

本研究通过面向共享的科技计划项目元数据框架构建研究，探索了一条包括元数据框架构建的理论基础、构建方法、框架构建内容及组成关系、框架评价指标体系的全过程技术路线，并利用相关研究成果构建了我国科技计划项目元数据框架模型，并对模型进行了应用验证和构建讨论，主要研究结论如下。

（1）科技计划项目元数据框架是一种重要的科技资源，具有信息产品和知识产品属性。鉴于科技计划项目的复杂性、层次性、知识性、创新性等特征，从整体论、系统论角度出发构建的科技计划项目元数据框架对于优化科研管理、维持项目知识记忆、促进协同创新等都具有技术支撑作用。

（2）当前我国科技计划项目元数据理论和应用存在如下问题：一是科技计划项目共享得到我国政府高度重视，但公众对共享效果并不满意。二是元数据在我国科技计划项目共享中已成为一种技术辅助力量，但应用很不均衡。三是在科技计划项目管理活动和过程中已开始采用元数据来规范管理过程及促进研究成果共享，但还没有融入全程管理和全员管理。

（3）科技计划项目元数据框架构建全生命周期过程中，需要开展如下研究和考虑。

一是元数据框架构建理论支持考虑。借鉴连续体理论、复杂系统理论、信息生命理论，得出科技计划项目元数据框架具有科技计划业务活动属性,元数据具有简洁性与丰富性及生态环境属性,其要素及关系相互作用。

二是元数据框架构建方法论和方法考虑。元数据框架构建可采用需求分析方法、流程分析方法、调查法、"文献"保证法、标准化法、复杂系统方法、设计科学研究方法、书目记录功能分析法等方法或其组合。

三是元数据框架构建组成要素及关系考虑。借鉴 DC 新加坡框架,科技计划项目元数据框架包括功能需求、领域模型、元数据描述集、元数据术语集、使用指南、管理系统、评价指标等部分,科技计划项目生态环境包括科技政策、责任者、业务对象、元数据管理等实体类型,类型之间具有发现、利用、获取等关系。

四是元数据框架评价指标考虑。元数据框架评价指标可以借鉴投入产出理论和决策支持理论,元数据框架评价可从概念框架、元数据质量、互操作、应用效益 4 个维度构建元数据框架评价的具体指标体系。

(4)我国科技计划项目元数据框架构建模型包括功能需求分析、领域建模、构建元数据描述集 schema、选择元数据语法及数据格式等模块,这些模块之间可以迭代,并相互呼应、互相借鉴,形成一个统一的整体。科技计划项目元数据框架包括计划(专项、基金)级元数据、资源级元数据、管理元数据等类型,其中科技计划管理元数据可以采用实体-关系分析方法,分析归纳立项、过程管理、项目验收、应用 4 个阶段的管理元数据。

(5)我国科技计划项目元数据框架验证。我国科技计划项目元数据框架可从元数据需求及重要性、元数据框架、元数据管理 3 个视角,采用问卷调查、访谈法等社会调查方法来开展,其目的是促进科技计划项目元数据框架的持续改进。

(6)我国科技计划项目元数据框架在构建中,应与其他科研领域元数据模型进行对比分析,并考虑自动化构建的可行性。基于资源共享视角的科技计划项目元数据框架构建的资源共享视角既是其构建环境和基础,又是其构建目标和保障,其元数据核心内容与其他视角相比有其侧重性。

9.2 研究创新

本研究根据当前科技计划项目元数据研究和应用中存在的问题，以多种理论为研究基础，综合运用多种研究方法，构建面向共享的科技计划项目元数据框架。本研究创新点和主要贡献有以下几点。

（1）元数据研究视角与观点创新

图书馆和信息科学领域的元数据集中对信息对象和收藏资源的分配、描述、显示及保存的元数据研究，长期以来其研究对象集中在图书及相似资源等数据资源，偏重于物理属性而非智力内容的描述。本研究拓展了元数据概念和研究视角，将科技计划项目元数据视为科技资源，其描述对象除数据资源外，还包括科技计划、管理流程等对象。综合运用连续体理论、复杂系统理论、信息生态理论等多学科的理论，以及社会调查方法、面向对象的 E-R 建模法等多种方法，为研究我国科技计划项目元数据框架的构建内容、要素及关系提供了方法论指导。

（2）信息资源管理机制创新

将信息资源领域元数据相关理论和实践应用到科技计划项目领域，通过科技计划项目元数据框架构建方法论和元数据应用，促进信息管理理论体系的元数据资源观思想在科技计划项目治理中的形成和广泛共识，改进科技计划项目信息共享的效果。

（3）科技计划项目元数据管理和应用创新

当前我国元数据构建和管理更多是从技术层面来加以考虑。本研究将科技计划项目元数据框架构建从技术行为拓展到科技计划项目相关机构和人员都应参与的组织行为，并认为科技计划项目元数据管理包括业务层级（形成、捕获、创建元数据）和战略层级（制定、实施、维护和管理元数据）两个层次。我国科技计划项目元数据框架实施成效需要管理层共识、合理的元数据方案、功能性应用软件等全方位保证。

9.3 研究不足

本研究力图构建一个适用于各类型科技计划项目的、面向共享的科技计划项目元数据框架，囿于本人理论水平和研究水平，以及资源、条件等，本研究只是对科技计划项目元数据框架做了初步的探索性研究，还有很多不足的地方，主要表现在以下几点。

（1）研究对象的局限性

我国科技计划项目元数据框架从纵向看覆盖国家级、省市级科技计划项目，从横向看涉及科技部、教育部、工业和信息化部、卫生健康委等多个计划管理部门。考虑到科技计划项目的管理复杂性、项目本身复杂性等问题，科技部科技计划项目为我国主要的科技计划项目，在科技计划项目元数据框架构建过程中，着重考虑了科技部科技计划项目的管理和项目运行过程，相关省市级类型的科技计划项目的特性元数据考虑较少。

（2）科技计划项目元数据框架评价指标分析的局限性

本书基于文献研究提出了科技计划项目元数据框架评价指标，但在实际中如何通过定量分析来评估科技计划项目元数据框架、确定评价指标的重要性权重、验证评价指标等，需进一步研究。

（3）我国科技计划项目元数据系统应用的局限性

本研究基于我国科技计划项目管理和运行实践，在研究得出的元数据框架理论基础、构建方法、框架要素及关系等基础上，构建了我国科技计划项目元数据框架，并开展了国家科技重大专项元数据框架实证研究。鉴于本研究提出框架的宏观性，模型的验证需要实际环境支持，而在元数据元素上层设置元数据实体，除具体实体外还包括关联实体，用时间元素表述业务进程等理念尽管能实现科技计划项目信息共享和项目管理的目标，但在当前统一的国家科技管理信息系统中如何实践应用还需要进一步探讨。

9 结 论

9.4 未来研究建议

本研究可以向以下方向拓展。

（1）科学研究中元数据行为与实现工具研究

尽管本书对科学研究元数据的态度等进行了研究，但未开展 E-Science 环境下科学研究元数据的深入研究。如何在分析科学家查询、获取和使用现有科技资源的习惯和方法基础上，捕获关于研究项目、项目数据的状态和可获取性、促进科学研究再利用等类型元数据，并与科技计划项目元数据框架进行映射与互操作等，有必要进一步开展研究。

（2）科技计划项目元数据框架互操作研究

科技计划项目元数据框架构建完成后，如何在国家科技计划项目管理系统中实现；如何通过元数据框架实现与科技计划活动各个环节、科技计划项目全程管理的无缝衔接，实现与其他相关科技系统的互操作（如财务系统、信息资源服务系统等）；如何通过元数据的迭代性维护管理促进科技计划项目管理的科学化和高效率，是值得进一步研究的问题。

附录 A 国家科技重大专项元数据相关术语汇总

相关术语来源包括《国家科技重大专项（民口）管理规定》、《国家科技重大专项（民口）验收管理办法》、《国家科技重大专项管理暂行规定》、《国家科技重大专项项目（课题）验收暂行管理办法》、《国家科技重大专项知识产权管理暂行规定》、《科技计划申报业务共性数据元规范》、《国家科技计划管理暂行规定》、《国家科技计划项目管理暂行办法》、《关于国家科技计划管理改革的若干意见》、《关于国家科研计划实施课题制管理的规定》、《国务院关于改进加强中央财政科研项目和资金管理的若干意见》、《国家科技计划项目承担人员管理的暂行办法》、《国家科技计划项目评估评审行为准则与督查办法》、《中华人民共和国促进科技成果转化法》、《国家科技计划科技报告管理办法》、《科学数据共享概念与术语》（第 2 部分：术语）等。科技计划项目术语汇总如附表 A-1 所示。

附表 A-1 科技计划项目术语汇总

核心词汇	定义（说明）	描述
姓名	在我国公安户籍管理部门正式登记注册、人事档案中正式记载的本人姓氏名称	人员（Person）
性别	人的基本生理特征的分类标识代码	
出生日期	本人的出生日期	
联系电话	本人的办公联系电话号码	
电子信箱	本人办公使用的电子邮件信箱	
职称	专业技术职务的标识代码	

附录A 国家科技重大专项元数据相关术语汇总

续表

核心词汇	定义（说明）	描述
学位	取得正式学位的分类标识代码	
专业	个人所从事或工作的专业分类标识代码	
所在单位	负责人所在单位的全称，必须与单位公章一致	
身份证件	由特定机构颁发的可以证明个人身份的证件名称标识代码	
身份证件号码	身份证件上所记载的、可唯一标识个人身份的号码	
项目参加人数	参见本项目的所有人员的总数	
高级职称人数	参加本项目的具有高级职称的总人数	
中级职称人数	参加本项目的具有中级职称的总人数	
初级职称人数	参加本项目的具有初级职称的总人数	
无职称人数	参加本项目的没有职称的总人数	人员（Person）
博士人数	参加本项目的具有博士学位的总人数	
硕士人数	参加本项目的具有硕士学位的总人数	
学士人数	参加本项目的具有学士学位的总人数	
其他人数	参加本项目的没有学位的总人数	
创新人才	指科研一线和企业科技人才的领军人才，如具备一定条件的中青年科技创新领军人才、科技创新创业人才等	
青年创新人才	满足一定年龄要求的（如不超过45周岁），研究科技前沿或国家战略性新兴产业领域，取得高水平创新性成果的专家	
跨学科复合型人才	具备跨学科视野和思维，具备多学科理论与方法的高层次人才	
创新团队	以创新为目的，由技能互补并愿意为共同的目标而相互承担责任，并在各个专业领域有一定专长的人组成的群体	
同行专家	未参与科技计划项目的，从事项目研究领域或接近研究领域的专家	

续表

核心词汇	定义（说明）	描述
海外高水平专家	以我国留学人才为主体的，满足一定条件（如有国际知名企业任职、海外自主创业经验等）和标准（海外博士）的专家，如"长江学者奖励计划"人才等	人员（Person）
一线科研人员	在本研究领域中主要从事具体研究和应用工作，没有任何行政职务的科研人员	
企业专家	主要来自创新型企业的符合一定条件的技术专家和管理专家	
课题负责人	对课题全面负责的法人或自然人	
重大专项总体专家组	总体专家组配合专项实施管理办公室做好专项的具体组织实施工作。总体专家组的咨询建议是重大专项牵头组织单位决策的重要依据	
专家数据库	由计划部门根据需要建立的具有一定规模、满足一定条件要求的人才数据库	
项目负责人	项目主体研究思路的提出者和实际主持研究的科技人员	
项目主要参与人员	除项目负责人以外的投入本课题研究工作时间在其实际工作时间25%以上的项目组其他科技人员	
投入人员数	本项目满月度工作量人员数	
三部门	科技部会同国家发展改革委、财政部（以下简称"三部门"）负责重大专项综合协调和整体推动，研究解决重大专项组织实施中的重大问题，各司其职，共同推动重大专项的组织实施管理	机构（Organization）
重大专项牵头组织单位	重大专项牵头组织单位负责重大专项的具体组织实施，强化宏观管理、战略规划和政策保障，建立多部门共同参与的机制，充分调动全社会力量参与重大专项实施，保证重大专项顺利组织实施并完成预期目标	
单位名称	承担单位的名称，必须与单位公章的详细名称一致	
组织机构代码	项目承担单位组织机构代码证上的标识代码	
单位所在地区	项目承担单位所在地区的行政区划代码	

附录A 国家科技重大专项元数据相关术语汇总

续表

核心词汇	定义（说明）	描述
通信地址	项目承担单位所在地的邮政通信地址	机构（Organization）
邮政编码	项目承担单位的邮政编码	
联系电话	项目承担单位的办公联系电话	
传真号码	项目承担单位的传真号码	
电子信箱	人或单位的电子邮件信箱	
单位性质	项目承担单位性质的分类标识代码	
主管部门或申报渠道	项目承担单位的上级主管部门或项目申报渠道的分类标识代码	
课题依托单位	提供课题任务书或课题合同中确定支持条件的单位	
项目承担单位	科研项目实施和资金管理使用的责任主体	
协会	个人、单个组织为达到某种目标，通过签署协议，自愿组成的团体或组织	
学会	由科技工作者自愿组成的科技学术性团体	
创新基地	围绕特定产业，通过规划引导和政策扶持等手段，有效集聚相关创新资源，以创新集聚带动产业集聚，具有相对独立的人事权和财务权的科研实体，是国家组织高水平基础研究和应用基础研究、聚集和培养优秀科学家、开展高层次学术交流的重要基地	服务（Service）
国家（重点）实验室	又称"工程技术研究中心"，是国家科技发展计划的重要组成部分，中心主要依托行业、领域科技实力雄厚的重点科研机构、科技型企业或高校，拥有国内一流的工程技术研究开发、设计和试验的专业人才队伍，具有较完备的工程技术综合配套试验条件，能够提供多种综合性服务，与相关企业紧密联系，同时具有自我良性循环发展机制的科研开发实体	
工程中心	根据国家科技发展规划和战略安排的，以中央财政支持或以宏观政策调控、引导，由政府行政部门组织和实施的科学研究与试验发展活动及相关的其他科学技术活动	

续表

核心词汇	定义（说明）	描述
国家科技计划	在国家科技计划中实施安排，由单位或个人承担，并在一定时间周期内进行的科学技术研究开发活动	项目（Project）
国家科技计划项目	政府组织科技创新活动的基本形式	
科技计划	中央财政投入为主的，由国家科技计划实施安排的科学技术研究开发活动	
部门（行业）科技计划	以部门（行业）财政投入为主的科技计划	
地方科技计划	以地方财政投入为主的科技计划	
基本计划	自由探索性基础研究和国家目标导向的战略性基础研究	
国家自然科学基金	为鼓励我国自然科学创新与发展而设立的基金项目	
国家重点基础研究发展计划	1997年由科技部组织实施的，面向国家重大需求的重点基础研究	
科技攻关计划	科技部实施的对国民经济和社会发展起支撑作用，以及集成创新、公益技术研究和产业关键共性技术开发等作用的计划	
国家高技术研究发展计划	也称为"863计划"，是中国高技术研究发展的一项战略性计划，于1986年3月启动，其目的是提高我国自主创新能力，坚持战略性、前沿性和前瞻性，以前沿技术研究发展为重点，统筹高技术的集成应用和产业化示范，其研究领域包括生物技术、航天技术、信息技术、激光技术、自动化技术、能源技术、新材料、海洋技术等	
科技基础条件平台建设计划	以资源共享为目标，以研究实验基地、大型科学仪器设备、自然科技资源、科学数据和科技文献等建设为主要内容的计划	
政策引导类科技计划	对企业自主创新、高技术产业化、面向农业农村的科技成果转化和推广等进行明确政策引导和措施的计划	
重大专项	体现国家战略目标，由政府支持并组织实施的科技专项	

附录A 国家科技重大专项元数据相关术语汇总

续表

核心词汇	定义（说明）	描述
项目编号	项目或课题正式立项之后的唯一标识代码	项目 (Project)
项目名称	项目或课题合同书上的名称	
项目密级	项目或课题保密级别的标识代码	
计划类别	国家科技计划的分类标识代码	
行业领域	科技计划行业领域的标识代码	
项目起始时间	项目或课题立项的日期	
项目结束时间	项目或课题合同书上规定的完成日期	
项目简介	项目、专题、课题或基地的简要说明	
项目组织部门	组织申报并管理项目或课题的单位名称	
项目立项	科技计划项目经计划管理部门的批准，列入项目支持计划的过程	
项目指南	由计划管理部门编制的，包括项目主要支持领域、方向的项目申报说明性文档	
项目申请表	由计划管理部门制定的，供项目申请者开展立项申请的规定表单，一般包括申请单位信息、研究技术内容、经费预算信息等	
项目建议书	包括申报单位、项目概况、项目进度等信息，是科技计划项目立项评审的主要参考文档	
预期成果类型	预期成果的分类标识代码	
总投资额	立项时所确定的总额（追加投资不计在内），总额包括科技部直接下达或通过部门、地方下达的所有经费	经费 (Funding)
其他国家级拨款	除科技部资助的经费以外的其他国家级拨款	
地方政府拨款	来源于各级地方科委和地方部门的配套经费	
贷款	由国内各类金融机构（包括银行、投资机构、信用社等）提供的各类贷款	
自有资金	承担单位将自有资金转为用于该项目的经费（不包括集资和借款）	

续表

核心词汇	定义（说明）	描述
其他资金	包括国内捐助、赠款、集资、借款及国外资金等来源的资金	经费 (Funding)
经费备注	有关经费的其他或附加性说明	
人员经费	直接参加课题研究的全体人员支出的劳务费用	
设备经费	课题研究过程中发生的仪器、设备、样品、样机购置和试制费用	
交流经费	课题组成员与外部人员交流时所支付的费用	
相关业务费	材料费、燃料及动力费、测试及化验费、会议差旅费等与课题相关的费用	
材料费	课题研究过程中需要消耗的各种原材料、辅助材料、低值易耗品、元器件、试剂、实验动物、部件、外购件、包装物的原价、运输、装卸、整理等费用	
燃料及动力费	课题研究过程中需支付的水、电、汽、燃料费用及排污费用	
测试及化验费	课题研究过程中进行测试、化验等所支付的费用	
会议差旅费	课题研究过程中需要组织召开的审查会、咨询会、论证会等各种会议发生的费用	
管理经费	管理课题研究过程所需要的费用	
匹配经费	项目承担单位或管理部门对计划项目匹配的经费	
其他费用	业务费用中除材料、燃料和动力、测试及化验、差旅费用以外的费用	
资金预算	对科技计划项目资金科目支出的主要内容和用途及分类等进行预算	
资金规模	科技计划项目完成任务需要的资金总量	
资金来源	科技计划项目的预算来源，包括科技计划项目专项经费及其他来源经费	
财务报告	关于经费到位及使用情况的报告	
成本补偿式	对受资助课题的成本费用进行补偿的资助方式，最高为全额	

附录 A　国家科技重大专项元数据相关术语汇总

续表

核心词汇	定义（说明）	描述
定额补助式	对受资助课题提供固定数额经费的资助方式	经费 (Funding)
计划管理费	由归口管理部门使用、为管理科研计划及其经费而支出的费用	经费 (Funding)
课题研究费	课题研究过程中发生的所有支出	经费 (Funding)
直接费用	课题研究过程中使用的可以直接计入课题成本的费用	经费 (Funding)
人员费	课题组成员的工资性费用	经费 (Funding)
资金安排情况公开	为保证科技计划项目资金的专款专用，保证项目资金安排的公开、公正和公平，提高科技计划项目资金的使用效益，计划管理部门将科技计划项目信息及拨款资金安排向社会公布	经费 (Funding)
课题–子课题	"课题–子课题"管理是指根据课题的独立研究内容，安排一个或多个子课题的科技计划项目组织形式	事件 (Event)
项目–课题	"项目–课题"两级管理是指科技计划中安排实施一定时间周期内进行的科学技术研究开发活动即项目基础上，为实现项目总目标同时安排项目中部分或阶段科学技术研究开发活动即课题，课题是对项目的有机分解	事件 (Event)
国家科技计划（专项、基金等）管理部际联席会议	负责审议重大专项总体布局、新增重大专项立项建议和实施方案、重大专项发展规划和有关管理规定，以及遴选确定项目管理专业机构等重大事项	事件 (Event)
管理办法	为加强对科技计划项目的制度化管理，提高计划项目管理效益，确保计划项目管理的公开、公正、透明和科学而制定的包括组织管理职责、立项、实施管理、经费管理、知识产权管理等相关信息的管理文件	事件 (Event)
实施细则	为规范计划项目管理，提高科技计划项目实施成功率，对科技计划项目的立项、实施、验收和专家咨询等阶段管理工作进行详细规定的文件	事件 (Event)
优先领域	经过一定程序确定的，需要重点支持的科技计划项目研究领域	事件 (Event)

续表

核心词汇	定义（说明）	描述
中期评估	在项目执行到中期阶段，对项目工作状态和研究前景等进行评估，总结项目阶段性执行情况，明确下一步主攻方向和目标，调整优化研究计划，课题设置和研究队伍的管理模式	事件（Event）
科技指标	在统计、调查和成果登记中的与科技计划相关的各项指标	事件（Event）
项目验收	依据项目可行性报告、合同文本或计划任务书，对项目产生的科技成果、应用效果等做出评价	事件（Event）
验收结论	项目验收时，验收专家根据综合评价给出科技计划项目验收意见，提出"通过验收""需要复议""不通过验收"等结论	事件（Event）
复议申请	对验收结论为"需要复议"的验收项目，项目申请者接到通知后一定时期内提出复议的申请	事件（Event）
动态调整	针对部分立项项目执行过程中出现的问题，进行的项目人员或项目内容、经费等变更调整的行为	事件（Event）
专家轮换	在科技计划项目开展咨询、评审和验收时，参与专家在一定时期实现定期轮换的制度	事件（Event）
专家调整	由于回避等情况需要对部分专家名单进行调整的行为	事件（Event）
专家回避	当专家与科技计划项目有利益关系时，专家不参与该项目的相关资讯、评审和验收等活动	事件（Event）
专家遴选	根据计划特征提出评价条件，由符合条件的专家进行网上填报，或由单位推荐等方式选择专家	事件（Event）
会商与沟通	指项目主管部门每年固定时间发布项目指南	事件（Event）
技术预测	科技计划管理的基础性工作，技术预测机构通过一定的预测方法，在一定的技术预测平台上开展面向社会和产业需求的技术预测工作，为国家科技创新政策、发展战略、发展规划、计划的制定和调整、优先发展领域的选择及研发资金投向等提供决策支持	风险（Emergency）

附录 A 国家科技重大专项元数据相关术语汇总

续表

核心词汇	定义（说明）	描述
信用管理	计划管理部门对有关单位和个人在实施和参与科技计划项目中践行承诺、履行义务、奉行准则的诚信程度进行客观记录、公正评价，并据此进行相关管理和决策的工作	评估（Evaluation）
信用记录	对相关责任主体基本信息、良好信用（包括履行相关承诺的守信行为记录，获得相关国家、省科技进步奖励等）及不良信用行为（分为一般失信、较重失信、严重失信三个级别）等进行客观记录，以便在立项管理、经费管理、实施管理、验收管理等过程中进行管理和决策	
信用评级	由科技管理部门的内部信用评级机构或人员，或专门独立的信用评级机构根据一定程序，运用公认的指标和特定的评估方法，对参与科技项目研发、科技成果产业化的执行者，以及科技成果验收和成果绩效的评估、评审专家或评估机构执行国家相关法律法规、遵守科技界公认行为、履行合约能力和意愿等项目的信用行为风险大小的评估过程	
"黑名单"制度	指在信用评级中，将严重不良信用记录者进行标记，以便阶段性或永久取消其申请中央财政资助项目或参与项目管理的资格	
项目查重	为避免一题多报或重复资助而开展的重复性审查	
网络评审	参加评审的专家通过科技计划项目网上评审系统，对待审的项目相应信息进行检查，签署相应意见或进行打分的过程	
视频答辩评审	项目申请人在本地答辩，专家在视频答辩会议室进行答辩的科技计划项目异地评审方式	
会议答辩评审	项目申报者进行项目陈述，专家根据相关陈述答辩情况进行综合评议，形成专家论证意见的评审方式	
过程管理	指项目主管部门针对项目承担单位的项目具体管理情况开展的巡视检查或抽查	
加强督导	指项目主管部门在过程管理中，对项目实施不力的进行加强监督指导的改进措施	

续表

核心词汇	定义（说明）	描述
限期整改	指项目主管部门在过程管理中，对存在违规行为的责成限期整改的处理意见	评估（Evaluation）
暂停实施	指项目主管部门在过程管理中，对存在违规严重的暂时停止项目的处理意见	
同行评议	利用若干同行（有资格的人）的知识和经验，按照一定的若干准则，对科技计划项目的潜在价值或现有价值进行评价，对解决科学问题方法的科学性及可行性给出判断的过程，同行评议主要用于科技计划项目立项评审和科技成果评估	
第三方评估	为减少项目主管部门对科技计划项目的干预和项目管理负担，由独立于项目主管部门和项目承担部门的专业性评估机构开展的科技计划项目评估活动	
信息公开	按照客观真实、透明公开、注重实效等原则，实行科技计划项目立项信息、过程信息、结题验收等信息公开的行为	
社会公开	项目主管部门按规定向社会公开科研项目的相关信息以接受社会监督的行为	
立项信息公开	立项项目审定通过后，由计划管理部门在网站上公示项目情况，一定工作日内接受公众意见和建议	
验收结果公开	为加强科技计划项目过程管理，计划管理部门将已经组织验收的科技计划项目验收情况及结果向社会公示，验收情况项一般包括计划编号、项目名称、项目完成单位、负责人、验收日期等	
科技报告审查	项目承担单位开展的关于科技报告的形式审查、内容审查及密级审查	
内部公开	项目承担单位内公开项目相关信息以接受内部监督的行为	
项目评估	各专项科技计划主管部门遴选评估机构，对项目进行的专业化咨询和评判活动	

附录 A　国家科技重大专项元数据相关术语汇总

续表

核心词汇	定义（说明）	描述
项目评审	各专项科技计划主管部门组织或委托有关单位组织科技、经济、管理等方面的专家，对项目进行的咨询和评判活动	评估（Evaluation）
重大专项验收	是重大专项组织管理的重要环节，旨在客观评价重大专项及其项目（课题）目标任务执行、成果产出、资金使用的总体情况，促进创新成果推广应用及产业化，提高资金使用效益，推动重大专项顺利实施和完成目标，更好地支撑国民经济社会发展	评估（Evaluation）
重大专项总结验收	以国务院审议通过的实施方案、发展规划、重大专项有关管理规定等为主要依据，综合考察重大专项目标指标、组织实施、资金使用、档案管理、成效影响、成果转化、后续管理等	评估（Evaluation）
重大专项项目（课题）验收	以项目（课题）任务合同书、相关单位批复的项目（课题）预算、重大专项有关管理规定、国家相关财经法规和财务管理制度等为主要依据开展的档案验收、任务验收和财务验收	评估（Evaluation）
知识产权分析	技术领域的知识产权分布和保护态势，主要国家和地区同行业的关键技术及其知识产权保护范围，对相关产业研究开发和产业化影响，产业化知识产权对策等	成果（Result）
知识产权信息	知识产权类别、申请号和授权（登记）号、申请日和授权（登记）日、权利人、权利状态等相关信息	成果（Result）
知识产权	基于创造成果和工商标记依法产生的权利的统称，包括专利权、计算机软件著作权、集成电路布图设计专有权、植物新品种权、技术秘密等	成果（Result）
创新	指前所未有的重大科学发现、技术发明、原理性主导技术等创新成果	成果（Result）
原始创新	在研究开发方面，特别是在基础研究和高技术研究领域取得独有的发现或发明	成果（Result）
集成创新	利用各种信息技术、管理技术与工具等，对各个创新要素和创新内容进行选择、集成和优化，形成优势互补的有机整体的动态创新过程	成果（Result）

续表

核心词汇	定义（说明）	描述
引进消化吸收再创新	利用各种引进的技术资源，在消化吸收基础上完成某个产品价值链或某些重要环节的重大创新	成果（Result）
科技成果转化	为提高生产力水平而对科学研究与技术开发所产生的具有实用价值的科技成果进行后续试验、开发、应用、推广，直至形成新产品、新工艺、新材料，发展新产业等活动	
科技成果信息资料库	国家为推进科学技术信息网络的建设和发展，建立的面向全国提供科技成果信息服务的资料库	
科技报告	进行科研活动的组织或个人描述其从事的研究、设计、工程、试验和鉴定等活动的进展或结果，或者描述一个科学或技术问题的现状或发展的文献	
科技报告类型	包括年度报告、中期报告及验收（结题）报告，实验（试验）报告、调研报告、工程报告、测试报告、评估报告等	
科学数据	人类在认识世界、改造世界的科技活动中所产生的原始性、基础性数据，以及按照不同需求系统加工的数据产品和相关信息	
科学数据分类	根据科学数据的属性或特征，按一定原则和方法进行区分和归类，并建立一定的分类体系和排列顺序的分类方法	
科学数据编码	在分类基础上赋予科学数据一定规律性，便于计算机识别和处理的符号	
科学数据共享服务	为科学数据共享所提供的技术服务，如目录服务、导航服务、数据信息发布、数据检索、数据产品加工、数据产品分发等	
科技成果	科学技术活动中通过复杂的智力劳动所得出的具有某种被公认的学术或经济价值的知识产品	
科技计划成果数据库	科技计划相关的奖励成果、计划成果、鉴定成果等形成的数据库，为技术咨询、成果查新、技术改造等活动提供重要依据	

附录 A 国家科技重大专项元数据相关术语汇总

续表

核心词汇	定义（说明）	描述
进度报告	向科技计划管理部门定期提交的关于计划项目执行情况的报告	文件（Records）
统计调查报告	科技计划管理部门在项目开展期间的各种统计调查报告	
调整报告	对合同目标、变更项目主持人及延期验收等进行调整的报告	
重要事件报告	计划项目取得重大进展、突破，或者发生可能影响合同按期完成的重大事件或难以协调问题等类型的报告	
验收报告	项目结题验收所要求的各类报告	
重大专项实施方案	重大专项组织实施、监督检查、评估验收的依据，由三部门与相关部门和单位共同组织成立由技术、经济、管理、财务等方面专家组成的编制论证委员会，编制论证重大专项实施方案	
重大专项阶段总结	各重大专项每个五年计划的最后一年组织进行阶段总结。由重大专项牵头组织单位组织专业机构编制形成重大专项阶段执行情况报告，报送三部门	

附录 B　国家科技计划项目管理政策中相关信息共享规定示例

B.1　我国人才信息共享相关政策

人才是指具有一定的专业知识或专门技能，进行创造性劳动并对社会做出贡献的人，是人力资源中能力和素质较高的劳动者。人才是我国经济社会发展的第一资源。当前我国在人才信息公开内容及详略程度上没有统一的规定。

（1）我国人才政策法规

进入 21 新世纪新阶段，党中央、国务院做出实施人才强国战略的重大决策，人才相关政策法规逐渐完善。在中央层级，中共中央、国务院在 2003 年、2006 年、2010 年、2016 年、2017 年、2018 年相继发布了重要的人才政策文件，教育部、科技部等部委、各地方也相应发布了相关的人才政策文件。具体如附表 B-1 所示。

对这些人才政策规定中相关信息公开及涉密信息内容总结如下。

1）人才数据库建设

内容：建立高层次人才库，如全国统一的留学人才信息系统和留学人才库、统一的海外高层次人才信息库和人才需求信息发布平台、评审专家数据库、软件人才数据库等各类型人才数据库。

2）人才涉密信息规定

内容：加强人才流动中国家秘密和商业秘密的保护；制定维护国家重要人才安全的政策措施；通过立法维护国家重要人才安全，有效防止

附录 B 国家科技计划项目管理政策中相关信息共享规定示例

重要人才流失；除涉密及法律法规另有规定外，项目评审专家名单应当向社会公开等。

（2）人才信息公开实践层面

当前在人才信息公开方面，包括国家、部委和地方级的人才项目计划申报平台，各人才项目入选人员公示名单，科技计划项目专家评审名单等。公开内容详略不一，一般都公开姓名、单位等信息，有的还公开研究领域、职务/职称等。相关示例如附表 B-2 所示。

附表 B-1 我国主要人才政策相关信息公开规定一览

层面	文件名称（发布机构）	人才信息公开、信息安全的关联性内容
国家	《中共中央 国务院关于进一步加强人才工作的决定》（中共中央、国务院）	——消除人才市场发展的体制性障碍，使现有各类人才和劳动力市场实现联网贯通，加快建设统一的人才市场。健全专业化、信息化、产业化、国际化的人才市场服务体系 ——发展人事代理业务，改革户籍、人事档案管理制度，放宽户籍准入政策，推广以引进人才为主导的工作居住证制度，探索建立社会化的人才档案公共管理服务系统……加强人才流动中国家秘密和商业秘密的保护，依法维护用人单位和各类人才的合法权益，保证人才流动的开放性和有序性 ——中央和省部两级要着眼于党和国家各项事业长远发展的需要，建设一支数量充足、素质优良、门类齐全、结构合理的省级和地厅级后备干部队伍。同时，建立高层次人才库，直接联系一批优秀企业家和各类高级专家 ——建立全国统一的留学人才信息系统和留学人才库，完善留学人才的评价认定制度，提高吸引高层次留学人才工作的针对性和实效性 ——加强和改进国家重要人才安全工作。高度重视和充分信任国家重要人才。通过立法维护国家重要人才安全，有效防止重要人才流失。制定政策法规，提高重要人才待遇，保障重要人才权益，规范重要人才流动。建立国家重要人才的信息档案，实施动态管理

续表

层面	文件名称（发布机构）	人才信息公开、信息安全的关联性内容
国家	《国家中长期科学和技术发展规划纲要（2006—2020年）若干配套政策》（国务院）	——在科研基地布局、人才队伍建设、政府科技计划设立、科研条件建设等方面，建立协调高效的管理平台，优化资源配置，使财政科技投入效益最大化 ——建立有利于激励自主创新的人才评价和奖励制度。建立符合科技人才规律的多元化考核评价体系，对科学研究、科研管理、技术支持、行政管理等各类人员实行分类管理，建立不同领域、不同类型人才的评价体系，明确评价的指标和要素。改革和完善国家科技奖励制度，建立政府奖励为导向、社会力量奖励和用人单位奖励为主体的激励自主创新的科技奖励制度，把发现、培养和凝聚科技人才特别是尖子人才作为国家科技奖励的重要内容。建立和完善科技信用制度，对承担国家科技计划项目和从事相关管理的人员、机构进行信用监督，增强道德规范，促进学风建设
	《国家中长期人才发展规划纲要（2010—2020年）》（中共中央、国务院）	——建立统一的海外高层次人才信息库和人才需求信息发布平台。完善外国人永久居留权制度，吸引外籍高层次人才来华工作。加大引进国外智力工作力度，探索实行技术移民，制定国外智力资源供给、发现评价、市场准入、使用激励、绩效评估、引智成果共享等办法 ——推动我国企业设立海外研发机构。积极支持和推荐优秀人才到国际组织任职。推进专业技术人才职业资格国际、地区间互认。发展国际人才市场，培育一批国际人才中介服务机构。制定维护国家重要人才安全的政策措施 ——政府开展人才宣传、表彰、奖励等方面活动，非公有制经济组织、新社会组织人才平等参与 ——完善政府人才公共服务体系，建立全国一体化的服务网络。健全人事代理、社会保险代理、企业用工登记、劳动人事争议调解仲裁、人事档案管理、就业服务等公共服务平台，满足人才多样化需求。创新政府提供人才公共服务的方式，建立政府购买公共服务制度，为各类人才平衡工作和家庭责任创造条件。加强对人才公共服务产品的标准化管理，大力开发公共服务产品 ——加强人才学科和研究机构建设。建立健全人才资源统计和定期发布制度。推进人才工作信息化建设，建立人才信息网络和数据库。加强人才工作队伍建设，加大培训力度，提高人才工作队伍的政治素质和业务水平 ——中国人民解放军和中国人民武装警察部队人才发展规划，由中央军委另行制定

附录 B 国家科技计划项目管理政策中相关信息共享规定示例

续表

层面	文件名称（发布机构）	人才信息公开、信息安全的关联性内容
国家	《关于深化人才发展体制机制改革的意见》（中共中央）	——体现分类施策。根据不同领域、行业特点，坚持从实际出发，具体问题具体分析，增强改革针对性、精准性。纠正人才管理中存在的行政化、"官本位"倾向，防止简单套用党政领导干部管理办法管理科研教学机构学术领导人员和专业人才 ——充分运用云计算和大数据等技术，为用人主体和人才提供高效便捷服务。扩大社会组织人才公共服务覆盖面。完善人才诚信体系，建立失信惩戒机制 ——更大力度实施国家高层次人才特殊支持计划（国家"万人计划"），完善支持政策，创新支持方式。构建科学、技术、工程专家协同创新机制。建立统一的人才工程项目信息管理平台，推动人才工程项目与各类科研、基地计划相衔接 ——加强评审专家数据库建设，建立评价责任和信誉制度 ——赋予高校、科研院所科技成果使用、处置和收益管理自主权，除事关国防、国家安全、国家利益、重大社会公共利益外，行政主管部门不再审批或备案 ——实行更积极、更开放、更有效的人才引进政策，更大力度实施海外高层次人才引进计划，敞开大门，不拘一格，柔性汇聚全球人才资源 ——创立国际人才合作组织，促进人才国际交流与合作。研究制定维护国家人才安全的政策措施
	《中长期青年发展规划（2016—2025年）》（中共中央、国务院）	——健全城乡均等的公共就业创业服务体系，完善服务功能，把有就业意愿的青年全部纳入服务范围，全面落实免费公共就业服务，对就业困难青年提供就业援助，帮助长期失业青年就业。创新就业信息服务方式方法，注重运用互联网技术打造适合青年特点的就业服务模式 ——建立青年创业人才汇聚平台
	《关于深化项目评审、人才评价、机构评估改革的意见》（中共中央办公厅、国务院办公厅）	——完善评审专家选取使用。进一步推动建设集中统一、标准规范、安全可靠、开放共享的国家科技专家库，及时补充高层次专家，细化专家领域和研究方向，更好地满足项目评审要求。完善国家科技专家库入库标准和评审专家遴选规范，明确推荐单位在专家推荐和管理等方面的权责，强化推荐单位对专家信息的审核把关责任，建立专家入库信息定期更新机制……开展会议评审的，原则上应在评审前公布评审专家名单；开展通讯评审的，应在评审结束前对评审专家名单严格保密，有条件的应在评审结束后向社会公布 ——引进海外人才要加强对其海外教育和科研经历的调查验证，不把教育、工作背景简单等同于科研水平。注重发挥同行评议机制在人才评价过程中的作用。探索对特殊人才采取特殊评价标准。对承担国防重大工程任务的人才可采用针对性评价措施，对国防科技涉密领域人才评价开辟特殊通道

续表

层面	文件名称（发布机构）	人才信息公开、信息安全的关联性内容
部委	《教育部等九部门关于加快软件人才培养和队伍建设的若干意见》（教育部等九部门）	——加快高等学校和中等职业技术学校计算机教育的课程体系、教学内容、教学方法、管理体制的改革和创新；建立软件人才数据库等 ——要充分发挥中介机构在促进软件人才培养和队伍建设中的作用。软件行业协会等要根据我国软件产业的发展现状和未来趋势，从行业的角度，综合分析软件行业发展过程中所需要的专业人才结构和数量，为各级各类软件教育培训机构和政府部门提供必要的决策咨询意见
	《科技部牵头制定〈国家中长期科学和技术发展规划纲要若干配套政策〉有关实施细则的工作方案》（科技部）	——落实关于加强农村实用科技人才培养的若干意见和关于在重大项目实施中加强创新人才培养的办法两个人才相关实施细则
	《国家科技专家库管理办法（试行）》（科技部办公厅）	——专家所在单位负责本单位的专家推荐、信息审核和重大事项报告工作，及时按照部署要求，组织专家登录国家科技管理信息系统对本人信息进行定期核对、补充 ——专家库每年组织一次专家信息集中更新。系统通过短信、邮件等方式通知在库专家，登录网上系统，确认专家单位、职务、联系方式等关键信息变更情况，并对系统所提供的最新获奖、论文及承担国家课题等情况进行核实确认。各单位审核后录入系统 ——中央财政科技计划（项目、基金等）各管理部门、直属机构主管司局和专业机构等因项目评审评估、结题验收、评价奖励等管理活动所需专家，一律从专家库中选取 ——专家库采取多种形式，向在库专家推送国家科技战略规划制定、科技前沿信息、科技计划管理、科技政策等信息，积极创造条件，促进专家学术交流与合作 ——除涉密及法律法规另有规定外，项目评审专家名单应当向社会公开，接受社会监督。对采用视频或会议方式评审的，公布专家名单，强化专家自律，接受同行质询和社会监督；对采用通讯方式评审的，评审前专家名单严格保密，评审后向社会公开，保证评审公正性

附录 B 国家科技计划项目管理政策中相关信息共享规定示例

续表

层面	文件名称（发布机构）	人才信息公开、信息安全的关联性内容
地方	《关于分类推进人才评价机制改革的实施意见》（云南省）	——允分运用大数据和互联网，规范优化人才评价程序，建立健全申报、审核、公示、反馈、申诉、巡查、举报、回溯等制度。人才评价实施全过程痕迹化管理，实现评审全过程可申诉、可查询、可追溯。实施申报推荐、评审前、评审后三公示制度，公示内容应包含参评的主要业绩成果（涉密成果除外），公示期不少于7个工作日。重大人才评价项目可增设国内外同行专家外审（通讯审）程序。评价工作结束后，在一定范围内适时开展评价工作满意度测评。整合现有各类人才评价资源，按照信息化和标准化要求，建设我省人才评价平台，为各领域人才评价提供集中规范的专业化、标准化评审场地
	《广东省人才发展条例》（广东省）	——县级以上人民政府应当支持科研平台建设，促进科技人才培养 ——开展南粤技术能手奖评选表彰，鼓励支持企业事业组织开展技术技能类竞赛、交流等活动，促进技术技能人才培养开发 ——鼓励社会力量通过举办各类国际人才交流会和高新技术成果交易会等形式参与人才引进。鼓励人才中介服务机构举荐人才 ——地级以上市人民政府应当推进人事档案管理服务信息化建设 ——县级以上人民政府应当建设人才综合服务平台，为人才和用人单位提供便捷服务

附表 B-2 我国人才信息公开形式及内容示例

发布机构	文件名称（时间）	公开方式	公开内容
山东省科学技术协会、山东省智库高端人才工作联席会议办公室	《第二批山东省智库高端人才入库专家公告》（2019年1月）	网络信息公开	119名专家的姓名及单位

续表

发布机构	文件名称（时间）	公开方式	公开内容
山东省人才工作领导小组办公室	《首届齐鲁杰出人才奖和齐鲁杰出人才提名奖初步人选公示公告》（2019年1月）	网络信息公开	11名专家的姓名、单位、职务（职称）
云南省人才工作领导小组办公室	《2018年云南省"万人计划"入选人才公告》（2018年12月）	网络信息公开	697名入选专家的姓名、性别和单位
教育部人事司	《2017年度"长江学者奖励计划"特聘教授、讲座教授、青年学者建议人选名单》（2018年1月）	网络信息公开	463名入选专家的推荐学校、姓名、岗位、任职单位
国家卫生计生委医药卫生科技发展研究中心	《关于公布"重大新药创制"科技重大专项2017年度定向委托课题论证会专家名单的公告》（2017年2月）	网络信息公开	专家姓名、职务（职称）、工作单位
科技部	《科技部关于成立第五届国家科学技术奖励委员会的通知》（2018年9月）	网络信息公开	委员会人员姓名、单位、职务（职称）
人社部	《关于授予周美玲等50名同志"杰出专业技术人才"荣誉称号的决定》（2006年12月）	网络信息公开	姓名、单位、职称

B.2 我国奖励相关信息共享政策

科技奖励制度是我国长期坚持的一项重要制度，是党和国家激励自主创新、激发人才活力、营造良好创新环境的一项重要举措。自1999年科技奖励制度改革以来，我国科技奖励社会影响日益巨大，对促进科技进步、激励科技人才有很大的促进。

（1）我国奖励政策法规

我国国家级、省市级奖励相关政策法规具体如附表B-3所示。

对奖励信息公开及信息保密的相关内容总结如下。

附录B 国家科技计划项目管理政策中相关信息共享规定示例

1）公开为常态、不公开为例外

公开的内容包括：评奖规则、流程、指标数量，全程公示自然科学奖、技术发明奖、科技进步奖候选项目及其提名者。

2）奖励涉密信息规定

包括：国务院有关部门根据国防、国家安全的特殊情况，可以设立部级科学技术奖；涉及国防、国家安全的保密项目，在适当范围内公布候选人、候选单位及项目。

附表B-3 我国奖励相关政策法规

名称（发布机构，时间）	与奖励相关的内容
《中共中央 国务院关于进一步加强人才工作的决定》（中共中央、国务院，2003年）	——建立规范有效的人才奖励制度。坚持精神奖励和物质奖励相结合的原则，建立以政府奖励为导向、用人单位和社会力量奖励为主体的人才奖励体系，充分发挥经济利益和社会荣誉双重激励作用。建立国家功勋奖励制度，对为国家和社会发展作出杰出贡献的各类人才给予崇高荣誉并实行重奖。进一步规范各类人才奖项。坚持奖励与惩戒相结合，做到奖惩分明，实现有效激励
《国家科学技术奖励条例》（国务院，2003年第一次修订）	——国家科学技术奖每年评审一次 ——国务院有关部门根据国防、国家安全的特殊情况，可以设立部级科学技术奖。具体办法由国务院有关部门规定，报国务院科学技术行政部门备案
《国家科学技术奖励条例实施细则》（科技部，2009年实施）	——国家科学技术奖的推荐、评审和授奖，遵循公开、公平、公正的原则，实行科学的评审制度，不受任何组织或者个人的非法干涉 ——奖励办公室应当在其官方网站等媒体上公布通过初评和评审的国家自然科学奖、国家技术发明奖、国家科学技术进步奖的候选人、候选单位及项目。涉及国防、国家安全的保密项目，在适当范围内公布 ——初评以网络评审或者会议评审方式进行，以记名限额投票表决产生初评结果 ——由科技部会同中央宣传部等部门，进一步加强国家科技奖励宣传报道和舆论引导工作

续表

名称（发布机构，时间）	与奖励相关的内容
《关于深化科技奖励制度改革的方案》（国务院办公厅，2017年）	——坚持把公开公平公正作为科技奖励工作的核心，增强提名、评审的学术性，明晰政府部门和评审专家的职责分工，评奖过程公开透明，鼓励学术共同体发挥监督作用，进一步提高科技奖励的公信力和权威性 ——增强奖励活动的公开透明度。以公开为常态、不公开为例外，向全社会公开奖励政策、评审制度、评审流程和指标数量，对三大奖候选项目及其提名者实行全程公示，接受社会各界特别是科技界监督 ——省、自治区、直辖市人民政府可设立一项省级科学技术奖（计划单列市人民政府可单独设立一项），国务院有关部门根据国防、国家安全的特殊情况可设立部级科学技术奖
《关于深化项目评审、人才评价、机构评估改革的意见》（中共中央办公厅、国务院办公厅，2018年7月）	——落实国家科技奖励改革方案。改革现行由政府下达指标、科技人员申报、单位推荐的方式，实行由专家学者、组织机构、相关部门提名的制度。提名者承担推荐、答辩、异议答复等责任，对相关材料的真实性和准确性负责。实行定标定额评审制度，自然科学奖、技术发明奖、科技进步奖实行按等级标准提名、独立评审表决的机制，一等奖评审落选项目不再降格参评二等奖。提高奖励工作的公开透明度，向全社会公开评奖规则、流程、指标数量，全程公示自然科学奖、技术发明奖、科技进步奖候选项目及其提名者
《北京市科学技术奖励办法实施细则》（北京市，2007年）	——"涉及国防、国家安全并由于国家安全和保密原因不能公开的成果"，是指在军队建设、国防科研、国家安全及相关活动中产生，并在一定时期内仅用于国防、国家安全目的的成果 ——各专业评审委员会根据政府奖励重点，在候选项目打分排序基础上，按照不超过授奖项目数120%的比例，提出市科学技术奖的初审结果，市科学技术行政部门审核后在指定的政府网站和相关报刊上公示。公示内容包括：获奖项目名称、项目完成单位与完成人、项目简介以及有关证明材料。公示期为30天

附录 B　国家科技计划项目管理政策中相关信息共享规定示例

（2）奖励信息公开实践层面

自 2010 年以来，国家科学技术奖励信息公开公示的范围和程度逐渐扩大，在制度层面包括完善公示制度、建立公众旁听制度、公布会评专家名单等。具体包括如下几点。

1）完善公示制度

- √ 2012 年，要求所有项目推荐前在推荐单位及完成人所在单位内部进行推荐公示。
- √ 2013 年，建立完备的推荐、受理、初评 3 次公示制度，扩大公示内容信息。
- √ 2014 年，对推荐单位的公示情况进行抽查。
- √ 2016 年，进一步扩大三大奖公示内容，增加对第三方评价、完成人（单位）间合作关系等内容的公示。
- √ 2017 年，向全社会公开奖励政策、评审制度和评审流程；增加对知情同意证明等内容的公示。

2）探索建立公众旁听制

- √ 2014 年，在连续 4 年举办媒体开放日活动的基础上，探索建立公众旁听制度。初评会期间，主动邀请全国人大代表、政协委员、两院院士和专家学者代表，到评审现场旁听，并进行交流座谈，听取意见建议。
- √ 2016 年，面向社会公众，采用申请制的方式开展评审旁听。制定了《2016 年国家科学技术奖评审旁听规则》，通过科技部和奖励办网站向全社会公告。

3）公布会评专家名单

- √ 2015 年初评后首次采用新闻发布会的方式公布初评结果，并开始公布会评专家名单。

B.3 我国科技计划项目相关信息共享政策（以863计划为例）

（1）863计划概况

国家高技术研究发展计划（863计划）是以政府为主导，以一些有限的领域为研究目标的一个基础研究国家性计划。2016年2月16日，整合了包括863计划在内的多项科技计划的国家重点研发计划首批专项指南正式发布，863计划不再独立立项。

863计划按照领域、项目、课题分层次管理项目，分为主题项目和重大项目。863计划是我国为发展高科技、研究解决事关国家长远发展和国家安全的战略性、前沿性和前瞻性高技术问题的科技发展计划，在国内外影响巨大。

（2）863计划项目相关管理办法概述

863计划实施30年间，在战略发展纲要、计划层级、项目课题层级、经费管理、成果管理、知识产权和密级管理、外事管理等方面发布了近30项管理办法，如附表B-4所示。这些管理文件中涉及各项需要遵循的其他通用性科研项目管理、部门规章，如附表B-5所示。这些管理办法从各个方面有力地保障、指导和促进了863计划项目实现预期目标。

附表B-4 863计划项目相关管理办法一览

文件名称	批准部门	文号	获取途径
战略发展的纲要性文件（6项）			
《高技术研究发展计划（863计划）纲要》	中共中央、国务院		外交部网站：863计划中提及（https://www.mfa.gov.cn/ce/cekor/chn/kjjl/kjjh/t802166.htm）
《"十五"期间国家高技术研究发展计划（863计划）纲要》		《国家高技术研究发展计划（863计划）管理办法》（国科发计字〔2001〕632号）第一条中提及	
《"十五"期间国家高技术研究发展计划（863计划）纲要实施意见》			

附录B 国家科技计划项目管理政策中相关信息共享规定示例

续表

文件名称	批准部门	文号	获取途径
《"十一五"国家高技术研究发展计划（863计划）申请指南》	科技部	http：//www.most.gov.cn/tztg/200703/t20070326_42347.htm	
《国家高技术研究发展计划（863计划）"十一五"发展纲要》	科技部网站：国家高技术研究发展计划（863计划）现代交通技术领域"节能与新能源汽车"重大项目2006年度课题申请指南中提及（http://www.most.gov.cn/tztg/200610/t20061025_36542.htm）		
《国家高技术研究发展计划（863计划）"十二五"发展纲要》	科技部网站：科技部与总装备部联合召开"十二五"国家高技术研究发展计划纲要审定会中提及（http://www.most.gov.cn/kjbgz/201110/t20111018_90339.htm）		
计划层级的管理办法（4项）			
《国家高技术研究发展计划（863计划）管理办法》	科技部	国科发计〔2006〕329号	互联网
《国家高技术研究发展计划（863计划）管理办法》	科技部	国科发计〔2001〕632号	互联网
《国家高技术研究发展计划管理办法》	科技部	国科发计字〔92〕385号	互联网
《863管理办法实施细则》	网络报道："十一五"863计划海洋技术领域2007年专题申请指南领域专家咨询会在京召开中提及（http://www.most.gov.cn/shfzs/sfdtxx/200708/t20070812_52221.htm）		
项目课题层级的管理办法（4项）			
《国家高技术研究发展计划（863计划）课题评审程序规范》	科技部	国科计联函〔2002〕1号〔2008年废止（科学技术部令第12号《科学技术部关于废止部分规章与规范性文件的决定》）〕	互联网

续表

文件名称	批准部门	文号	获取途径
《863计划滚动支持和快速反应课题立项原则和程序》	科技部	国科发计字〔2003〕104号[2008年废止（科学技术部令第12号《科学技术部关于废止部分规章与规范性文件的决定》）]	互联网
《863计划主题项目和重大专项管理主体主要职责》	科技部	国科发计字〔2002〕230号[2008年废止（科学技术部令第12号《科学技术部关于废止部分规章与规范性文件的决定》）]	互联网
《"十五"国家高技术研究发展计划（863计划）课题验收规范》	科技部	国科计联函〔2004〕9号	互联网
经费管理办法（4项）			
《国家高技术研究发展计划（863计划）专项经费管理办法》	财政部、科技部、总装备部	财教〔2006〕163号	互联网
《国家高技术研究发展计划专项经费管理办法》	财政部、科技部、总装备部	财教〔2001〕207号	互联网
《国家高技术研究发展计划课题预算评估规范（试行）》	科技部	国科发财字〔2002〕35号	互联网
《国家高技术研究发展计划课题预算评审规范（试行）》	科技部		互联网
项目成果的管理办法（6项）			
《国家科学技术委员会"八六三计划"科技成果管理暂行规定》	国家科委	〔89〕国科发成字655号	互联网
《国家高技术研究发展计划（863计划）文档材料管理办法（试行）》	科技部	国科计（联）函〔2003〕2号	互联网

附录B 国家科技计划项目管理政策中相关信息共享规定示例

续表

文件名称	批准部门	文号	获取途径
《国家863计划成果产业化基地认定和管理办法》	科技部	国科发计字〔2003〕166号 [2008年废止（科学技术部令第12号《科学技术部关于废止部分规章与规范性文件的决定》）]	互联网
《国家863计划成果产业化基地认定办法（暂行）》	科技部	国科高联字〔2000〕02号	互联网
《国家863计划产业化促进中心认定和管理办法（试行）》	科技部	国科发计字〔2003〕232号	互联网
《关于大力推进国家863计划产业化工作的若干意见》	科技部	国科发计字〔2003〕125号	互联网
知识产权、密级等管理办法（4项）			
《国家高技术研究发展计划知识产权管理办法（试行）》	国家科委	国家科委〔1994〕第18号令 [2008年废止（科学技术部令第12号《科学技术部关于废止部分规章与规范性文件的决定》）]	互联网
《科学技术部863计划保密规定》	科技部	国科发计字〔2002〕40号	互联网
《国家科委863计划保密规定》	国家科委	〔92〕国科发成字443号	互联网
《863计划保密技术指导目录》	《科学技术部863计划保密规定》（国科发计字〔2002〕40号）第六条中提及		
外事管理（1项）			
《关于"八六三"计划外事管理工作的实施细则》	国家科委	国家科委〔87〕国科发外字0784号 [2008年废止（科学技术部令第12号《科学技术部关于废止部分规章与规范性文件的决定》）]	互联网

续表

文件名称	批准部门	文号	获取途径
其他			
《海关总署、国家税务局关于国家科委系统"八六三计划"项目进口货物税收优惠问题的通知》	海关总署、国家税务局		https://www.pkulaw.com/chl/qd34a3a681bd6bc3bdfb.html

附表 B-5　863计划项目管理文件与其他管理文件的链接情况

文件名称	来源文件	引用内容
《关于加强国家科技计划知识产权管理工作的规定》	《国家高技术研究发展计划（863计划）管理办法》	863计划管理机构、课题依托单位和课题承担单位要加强知识产权管理，严格执行科技部《关于加强国家科技计划知识产权管理工作的规定》（国科发政字〔2003〕94号）
《关于国家科研计划项目研究成果知识产权管理的若干规定》		863计划课题形成的知识产权，其归属、使用和管理按照《关于国家科研计划项目研究成果知识产权管理的若干规定》（国办发〔2002〕30号）执行
《中华人民共和国促进科技成果转化法》		课题研究过程中形成的无形资产，由课题依托单位负责管理和使用。课题研究成果转化及无形资产使用产生的经济效益按《中华人民共和国促进科技成果转化法》和国家有关规定执行
《国家中长期科学和技术发展规划纲要（2006—2020年）》	《国家高技术研究发展计划（863计划）管理办法》	为贯彻落实《国家中长期科学和技术发展规划纲要（2006—2020年）》（以下简称《纲要》），保证国家高技术研究发展计划（以下简称863计划）的顺利实施，实现科学、规范、高效和公正的管理，根据《国家科技计划管理暂行规定》和《国家科技计划项目管理暂行办法》等的要求，制定本办法
《国家科技计划管理暂行规定》		
《国家科技计划项目管理暂行办法》		

附录 B 国家科技计划项目管理政策中相关信息共享规定示例

续表

文件名称	来源文件	引用内容
《中华人民共和国保守国家秘密法》	《科学技术部 863 计划保密规定》	为保障 863 计划顺利实施,促进我国高科技的发展,根据《中华人民共和国保守国家秘密法》《科学技术保密规定》和《科技部保密规定》,制定本规定
《科学技术保密规定》		
《科技部保密规定》		863 计划课题、成果的密级,按照《科学技术保密规定》确定;863 计划文件、资料的密级,按照《科技部保密规定》确定;863 计划课题、成果和文件、资料的保密期限,按照《国家秘密保密期限的规定》确定
《国家秘密技术项目持有单位管理暂行办法》		863 计划保密课题和研究成果的承担单位,应当执行《国家秘密技术持有单位管理暂行办法》
《国家秘密技术出口审查规定》		863 计划保密成果的对外交流合作,执行《国家秘密技术出口审查规定》
《关于国家科研计划实施课题制管理的规定》	《国家高技术研究发展计划(863 计划)课题评审程序规范》	根据国务院印发的《关于国家科研计划实施课题制管理的规定》和《国家高技术研究发展计划(863 计划)管理办法》的有关要求,特制定本规范
《中华人民共和国国家科学技术委员会科学技术成果鉴定办法》	《国家科学技术委员会"八六三计划"科技成果管理暂行规定》	八六三成果的鉴定工作按《中华人民共和国国家科学技术委员会科学技术成果鉴定办法》和《科学技术成果鉴定办法若干问题的说明》的规定执行
《科学技术成果鉴定办法若干问题的说明》		
《中华人民共和国技术合同法》		依据《中华人民共和国技术合同法》《中华人民共和国专利法》《国务院科技领导小组、国家科委、国防科工委、财政部关于高技术研究发展计划纲要实施意见(试行)》,八六三成果系职务技术成果,八六三成果中的发明创造系职务发明创造,其所有权属于国家
《中华人民共和国专利法》		

续表

文件名称	来源文件	引用内容
《中华人民共和国档案法》	《国家高技术研究发展计划（863计划）文档材料管理办法（试行）》	为了保证863计划文档材料的完整性和安全性，根据《中华人民共和国档案法》、科技部《机关档案工作条例》和《863计划管理办法》的有关规定，特制定本办法
《机关档案工作条例》		
《科技部机关归档文件整理办法》		文书档案参照《科技部机关归档文件整理办法》进行整理；技术档案按国家标准《科学技术档案案卷构成的一般要求》执行
《科学技术档案案卷构成的一般要求》		
《专利法实施细则》	《国家高技术研究发展计划知识产权管理办法（试行）》	研究开发方在取得专利权后，应当按照《专利法实施细则》第七十一条的规定对于已发表的计算机软件，研究开发方可以依照《计算机软件保护条例》的有关规定
《计算机软件保护条例》		

（3）863计划项目信息公开概况

为了确保863计划的各相关主体，包括项目立项组织单位、项目申请单位、项目承担单位、项目评审专家等获取项目相关信息，以及近年来为确保863计划项目公正、公开、公平，863计划相关文件中对课题申请指南、课题立项结果、预算信息等明确规定了公开公示要求，附表B-6对依据这些要求开展的863计划信息公开情况进行了汇总。

附表B-6　863计划信息公开情况

信息公开依据	信息公开内容	公开途径	示例
《国家高技术研究发展计划（863计划）管理办法》（国科发计字〔2006〕329号）第十四条	课题通过公开、公平的竞争机制确定，主要程序如下：（一）公开发布课题申请指南	网络公开	国家高技术研究发展计划（863计划）信息技术领域"高效能计算机及网格服务环境"重大项目（一期）2006年度课题申请指南（http://www.most.gov.cn/tztg/200610/t20061025_36457.htm）

附录 B　国家科技计划项目管理政策中相关信息共享规定示例

续表

信息公开依据	信息公开内容	公开途径	示例
《国家高技术研究发展计划（863计划）管理办法》（国科发计字〔2006〕329号）第二十条	课题立项结果向社会公布。对未被批准的课题申请，由相关中心向课题申请者做出书面通知	网络公开	关于"十一五"国家高技术研究发展计划（863计划）信息技术领域"高效能计算机及网格服务环境"重大项目课题承担单位评审结果的公告（http://www.most.gov.cn/tztg/200612/t20061201_38475.htm）
《国家高技术研究发展计划（863计划）管理办法》（国科发计字〔2006〕329号）第四十八条	对于在申请、评议、评审、评估、检查、执行和验收过程中发现的弄虚作假、徇私舞弊行为，以及违规操作或因主观原因未能完成合同规定的任务并造成重大损失者，863计划实行责任追究制度。情节较轻的，公开通报直接责任者	网络公开	关于终止陈进等人承担课题的通知（http://www.most.gov.cn/mostinfo/xinxifenlei/fgzc/gfxwj/gfxwj2006/200606/t20060621_143595.htm）
《国家高技术研究发展计划（863计划）专项经费管理办法》（财教〔2006〕163号）第六条	科技部建立科研项目预算管理数据库，完善信息公开公示制度。将项目（课题）预算安排情况、项目牵头（主持）单位和课题承担单位、课题负责人和课题研究人员、承担单位承诺的科研条件等内容纳入数据库进行管理，对非保密信息及时予以公开，接受社会监督	网络公开	刘燕华副部长出席863计划重大项目课题预算评审会（http://www.most.gov.cn/kjbgz/200611/t20061121_38152.htm）

续表

信息公开依据	信息公开内容	公开途径	示例
《关于印发〈国家863计划2003年工作安排〉和〈国家863计划2002年执行情况〉的通知》第5条要加大863计划的宣传力度	有计划、有主题地开展863计划的宣传工作，通过各种媒体向全社会宣传"十五"863计划的意义和取得的进展和成果，进一步扩大863计划的社会影响，有利于促进863计划成果的应用，并为"十五"863计划的实施营造良好的社会氛围。863计划今年宣传工作将进一步加强组织，开辟更广泛的渠道；建立863计划声像资料库，加强对863计划重要事件、进展等声像素材的积累和宣传工作；进一步改进863计划网站的信息服务；加强863计划的信息上报和交流工作；结合重大专项进展汇报，在适当时候集中宣传重大专项进展。各领域、主题在联办的统一部署下，确定专人负责本领域、主题的宣传工作，加强宣传素材的收集和及时报送，以便做好整体宣传工作	专家信息网络公开	关于聘任"十二五"863计划专家委员会和主题专家组专家的通知（http://www.most.gov.cn/fggw/zfwj/zfwj2012/201203/t201203 31_93516.htm）
		项目验收网络公开	863计划现代农业技术领域"优良食品微生物高通量筛选与细胞选育技术"项目通过技术验收（http://www.most.gov.cn/kjbgz/201607/t20160707_126440.htm）
		宣传推广网络公开	"十五"863计划取得重大进展（http://www.most.gov.cn/ztzl/863cj/）
			科技部加强体制、机制、制度创新 完善863计划监督管理 从源头上预防和治理腐败（http://www.most.gov.cn/jcj/gzdt/200601/t20060106_53271.htm）
			国家"十五"863计划新材料领域成果推介会在青岛召开（http://www.most.gov.cn/dfkjgznew/200510/t20051020_25520.htm）
			863成果——神威IB网络产品正式向业界推出（http://www.most.gov.cn/kjbgz/200412/t20041219_18062.htm）

附录B 国家科技计划项目管理政策中相关信息共享规定示例

续表

信息公开依据	信息公开内容	公开途径	示例
《国家八六三计划成果产业化基地认定和管理办法》（国科发计字〔2003〕166号）第七条	通过批准的基地由科技部以部发文的形式认定。科技部向认定的基地颁发认定证书，授予"国家高技术研究发展计划（863计划）成果产业化基地"称号	产业基地名单网络公开	关于公布"十五"国家863计划成果产业化基地名单的通知（http://www.safea.gov.cn/xxgk/xinxifenlei/fdadgknr/qtwj2010before/200512/t20051214_143333.html）

（4）863计划保密信息相关规定分析

863计划的保密要求非常严格，有明确的职责确认，有一整套行之有效的文件和可操作性程序，对于维护国家机密、加强科技成果保护均有良好效果。附表B-7从保密职责确认和保密内容两方面对863计划保密信息内容进行分析，可以看出，863计划的保密职责明确、可操作性强，保密内容规定具体、详细。

附表B-7　863计划保密信息内容汇总

文件名称	保密内容	保密规定
保密职责确认		
《科学技术部863计划保密规定》	第十七条　国家科技保密工作办公室负责863计划课题与成果保密工作的指导、监督，负责确定、调整绝密级的863计划保密课题、成果的密级和保密期限；科学技术部保密办公室负责863计划文件、档案保密工作的指导、监督；863计划联合办公室负责863计划保密工作的实施和检查；科学技术部各业务司负责863计划归口领域的保密工作，负责确定机密、秘密级的863计划保密课题、成果的密级和保密期限，以及863计划涉密文件、资料密级的确定和调整工作。主题专家组对863计划课题、成果的密级和保密期限的确定，以及863计划文件、资料密级的确定和调整工作提供咨询和建议。863计划管理中心协助业务司做好863计划归口领域的保密工作	

续表

文件名称	保密内容	保密规定
《国家高技术研究发展计划（863计划）文档材料管理办法》		第七条 1. 在863计划管理工作中产生的涉及863计划全局性工作的重要文件资料，由联办为主负责归档，并确定密级。 3.各主题和各重大专项在管理过程中产生的重要文件资料，……经领域办审核并确定密级后……
《国家高技术研究发展计划（863计划）管理办法》		第19条　对于涉及国家安全和重大利益的项目，领域办提出项目密级及保密期限建议，按照国家有关保密规定管理。 第32条　课题实施形成的成果，由领域办定期公示。对于涉及国家安全和重大利益的成果，由课题承担单位提出密级及保密期限建议，经领域办审核后报国家科技保密办公室备案，按照有关保密规定管理
保密内容规定		
《国家高技术研究发展计划（863计划）课题评审程序规范》	1) 申请者知识产权 2) 初评和复审专家姓名 3) 评审过程中的意见和未经批准的评审结果 4) 回避人应回避的课题评审过程中意见和未经批准的评审结果	第七章　保密 第三十四条　参加评审工作的全体人员应严格遵守《国家高技术研究发展计划（863计划）管理办法》中有关的保密规定，切实保护申请者和评审者的权益，并签署保密协议。 1.保护申请者知识产权，不准擅自复制、抄录和留用申请书；不准泄露或以任何形式剽窃申请书内容。 2.不准泄露初评和复审专家姓名、评审过程中的意见和未经批准的评审结果，及其它有可能影响评审公正性和有损国家或申请人利益的信息。 3.不准将回避人应回避的课题评审过程中意见和未经批准的评审结果泄露给应回避人。 4.课题评审会的有关资料和评审记录，在会议结束后由各主题专家组负责收回存档。 5.严格限制与评审工作无关的人员和应回避人员参加评审会议

续表

文件名称	保密内容	保密规定
《科学技术部863计划保密规定》	1）课题、成果保密内容	第九条 863计划保密课题、成果的保密内容包括：（一）科研经费的预算；（二）课题名称、实施方案、报告、总结、实施情况；（三）重要研究成果、技术关键、技术诀窍、技术数据和资料、原型样机、模型以及通过其他途径得到的信息及来源；（四）需要保密的实验室、实验装置、专用设备、软件和设施；（五）其它需要保密的事项
	2）文件、资料密级管理	第十四条 863计划的文件、资料根据不同密级实行分类管理。下列涉密文件、资料应依照法定程序确定其密级：（一）863计划纲要（包括草案）；（二）涉及敏感技术范围的年度计划和经费预算、统计数据；（三）涉及敏感技术范围的文件、立项报告、工作方案等资料和档案；（四）涉及敏感技术范围的重要会议内容；（五）记载上述内容的国家秘密载体如文字、数据、符号、图形、图片、声音等的纸介质、磁介质、光盘、计算机硬盘、软盘、录音、录像等各类物品；（六）其他保密事项
《863计划保密技术指导目录》	文件无法获取	依据《863计划保密技术指导目录》，按程序确定保密课题。863计划保密课题是863计划保密工作的重点

附录 C　科技计划项目元数据需求及影响因素调查问卷

尊敬的专家，您好！我们正在进行关于科技计划项目元数据需求及影响因素的调研，希望您能抽出 5~10 分钟时间填写问卷。本次调查采取匿名形式，您所提供的一切信息都将为您保密，所有的调查数据仅用于学术研究，烦请您根据实际情况填写。非常感谢！

所谓科技计划项目元数据，是指在科技计划活动全过程中形成、捕获或系统自动生成的结构化或半结构化数据，用以确保科技计划项目产生的信息资源在同领域内或跨领域间共享和利用。

基本信息

Q1　请问您的研究方向

_____

Q2　您的文化程度
　　○ 本科以下
　　○ 大学本科
　　○ 硕士
　　○ 博士及以上

Q3　您参加的科研项目
　　○ 正在进展中
　　○ 已结题

Q4　您在科研项目中的角色
　　○ 项目负责人

附录 C 科技计划项目元数据需求及影响因素调查问卷

○ 项目主要参与者
○ 项目管理人员
○ 其他

Q5 近年来申请的科技计划项目类型（可多选）
○ 国家自然科学基金
○ 国家社会科学基金
○ 科技部计划项目
○ 省市科技计划项目
○ 其他

科技计划项目元数据需求调查

Q6 您通过何种途径获知科技计划项目申报信息（可多选）
○ 科技计划项目网站浏览
○ 本单位科技管理部门通知
○ 课题申请指南中的相关信息
○ 同行专家推荐
○ 其他

Q7 在申请科研项目时，您主要通过哪些途径获取所研究问题的国内外研究现状（最多选两个）
○ 国内外期刊论文
○ 国内外会议论文
○ Google 等搜索引擎
○ 学术共同体举办的一些学术活动
○ 其他

Q8 为更方便地获取所研究领域的国际国内进展，您最希望（最多选三个）
○ 能有查询国内外相关科研项目的研究概述、研究团队、研究成果等信息的统一平台
○ 所有已结题的科研项目的结题摘要，都能以类似国家自然科学基金的优秀成果选编的简介形式，在网上通过关键词、项目承担人

等进行公开查询
- 建设《国务院关于改进加强中央财政科研项目和资金管理的若干意见》中提及的国家科技管理信息系统

- 建设《国务院关于改进加强中央财政科研项目和资金管理的若干意见》中提及的国家科技报告共享服务平台
- 科研项目的立项信息公开,应包括国内外相关研究等更详细信息
- 通过学术资源查询国际国内学科前沿、领域等动态信息

Q9 在项目公示阶段,您是否接受将您的项目申请书公开
- 赞成,将研究意义、实施目标等信息公开后,一方面可以接受公众的监督,保证研究成果的技术含量;另一方面如已有相关的项目研究,可避免重复立项
- 不建议,如《国家科技计划(863计划、支撑计划)2013年备选项目征集要求》中有视频答辩、专家咨询、方案论证、项目查重等申报项目程序,足以保证
- 强烈赞成并加强,目前网上项目公示只有项目名称、项目负责人、项目承担单位,没有项目内容等相关信息,项目公示只是 Excel 表,无法动态查重,建议开发可查询各类型科技计划项目公示信息的数据库并提供公开查询

科学研究与元数据调研

Q10 自 2011 年 1 月起,美国 NSF 要求所有的基金项目申请需提交最多两页的数据管理计划,以明确如何共享和发布研究数据以便供第三方共享,您对此有何评价
- 非常赞成,强烈建议我国的所有科技计划项目也应有相关原则规定
- 赞成,但希望我国能有更详细的数据共享计划指南
- 不赞成,这应该是数据管理人员的工作,增加科研人员的负担

Q11 您平时在科学研究活动中,对可能产生的元数据采用了以下哪种处理办法

附录 C 科技计划项目元数据需求及影响因素调查问卷

- ○ 对同一研究活动制定统一的元数据要求，如数据的类型、格式、采集软硬件环境等
- ○ 由不同的研究人员根据自己需求进行数据的格式、类型等设计
- ○ 基本不考虑这个问题

Q12 如您的研究成果中有数据集等相关数据成果，您最希望
- ○ 查询国际该类型数据库的主要数据格式，以便更好地呈现数据和实现共享
- ○ 按照项目管理者的要求，进行数据集的整理并上传
- ○ 自定义数据库的格式

Q13 您认为下列资源类型哪些属于应提交的研究成果（可多选）
- ○ 科学技术报告
- ○ 商业出版专著
- ○ 会议文献
- ○ 合作研究的相关文档
- ○ 实验室研发成果
- ○ 专利应用
- ○ 项目分析文献
- ○ 软件
- ○ 科技活动完成情况报告
- ○ 技术报告
- ○ 学位论文
- ○ 翻译文献
- ○ 研发项目摘要
- ○ 公开网文献

科技创新与元数据调研

Q14 您觉得什么样的科技计划项目成果具有创新性
- ○ 选题具有前瞻性
- ○ 专利申请多

○ 成果转化率高

○ 社会推广意义大

○ 经济效益高

Q15 您觉得科技计划项目的成功完成，以下哪三项因素最重要

○ 专业团队合作和交流

○ 创新所需的物质条件，如仪器

○ 领域信息的获取

○ 外语水平的高低

○ 实践经验

○ 数字科研环境及熟练应用

Q16 您认为协同创新最关键的是

○ 政策问题，需要制定打破部门条块分隔的合作政策

○ 技术问题，需要开发有利于协同创新的各种有效技术工具

○ 人才问题，需要培养更多的高技术人才

○ 模式问题，需要确保实现协同创新的人、财、物的合理配置

Q17 您对协同创新的意见和建议是

_____

_____

_____

成果共享与元数据调研

Q18 您的项目顺利结题后，关于研究成果公开共享，您的态度是

○ 希望，能促进全社会研究水平的提高

○ 不希望，研究成果中还有部分需要保密的内容

○ 不希望，研究成果是我的智力劳动，还需要进行成果转化

Q19 如您的研究成果被公开共享，您希望采取哪种模式

○ 网上浏览全部信息

○ 网上浏览题名、摘要等元数据信息

○ 网上浏览所有信息并无偿下载

附录 C　科技计划项目元数据需求及影响因素调查问卷

Q20　如您的研究成果在全社会公开共享，您想了解哪些被利用的相关统计信息
　　○ 引用数据
　　○ 成果转化数据
　　○ 网站转载信息
　　○ 长期保存信息

Q21　如您的研究成果作为国家资源永久性保存，您希望
　　○ 了解保存的机构名称
　　○ 了解保存的技术模式
　　○ 了解保存的检索元数据
　　○ 其他

科技计划项目元数据作用调查

Q22　2008年美国商务部提出如下建议：建议政府通过采用数据标记或相似方式使数据更方便使用，通过创建更多的公共数据文件促进数据的获取，进而促进创新研究，您对此的看法是（可多选）
　　○ 没有采用"数据标记"的数据基本没有任何用处
　　○ "数据标记"是创新研究的重要技术手段
　　○ 我国政府也应采用类似手段和政策
　　○ 公共数据对创新研究具有重要的促进作用
　　○ 科技计划项目产生的数据应是公共数据的重要组成部分
　　○ 科技计划项目产生的数据应能国际共享

Q23　您对元数据在科技计划项目管理方面中作用的态度是（可多选）
　　○ 从技术上杜绝项目的重复申报和重复立项
　　○ 跨越条块分割的科技管理体制，实现科技计划项目的有机整合和统计分析
　　○ 优化科技计划项目管理，使计划管理人员更加务实
　　○ 元数据如要在科技计划项目管理中有效发挥作用，就要与科研管理环境和人员融合，而不应停留在技术和纸面上

面向共享的科技计划项目元数据框架

○ 元数据对科技计划项目管理不会有什么作用

Q24 经过以上问题，您对科技计划项目元数据的态度是

○ 很重要，愿意抽时间参加相关知识和技术环境的培训

○ 很重要，愿意配合科技计划项目相关元数据要求，制定项目自身的元数据需求细则

○ 很重要，但了解相关技术需要时间和精力，最好能有易于掌握的软件和应用界面

○ 不重要，完全不需要科研人员关注和了解

○ 元数据技术性太强，科技人员很难掌握，仅信息管理人员了解和掌握就可以了

再一次感谢您的参与！

附录 D 科技计划项目元数据框架问卷调查

尊敬的女士/先生：

您好！通过论文查询、标准研制、项目合作、专家推荐等方式获知您是元数据研究和实践领域的专家，期望通过问卷得到您对下述科技计划项目元数据框架的看法和建议。调查问卷需要 5~10 分钟的时间完成。本次调查问卷采用匿名方式，不会泄漏您的任何个人信息。

科技计划项目元数据框架问卷调查包括科技计划项目元数据框架构建方法、元数据框架要素及关系、元数据框架内容 3 个方面，您的意见和建议将对正在开展的科技计划项目元数据框架的理论性、实践性研究提供指导和帮助。

非常感谢您百忙之中给予本研究工作支持。

面向共享的科技计划项目元数据框架

科技计划项目元数据框架构建方法

1.下述科技计划项目元数据框架设计原则,您认为(请在您选择的答案后画"√"):

评价意见	不了解	不能应用	非常同意	比较同意	有些同意	中立	有些不同意	比较不同意	非常不同意	我的意见
非常清晰的结构化框架	9	8	7	6	5	4	3	2	1	
分步骤的实现方法,避免太早进入技术讨论	9	8	7	6	5	4	3	2	1	
更好地理解角色和活动	9	8	7	6	5	4	3	2	1	
以业务价值实现为中心	9	8	7	6	5	4	3	2	1	

2.下述科技计划项目元数据框架构建特征,您认为(请在您选择的答案后画"√"):

评价意见	不了解	不能应用	非常同意	比较同意	有些同意	中立	有些不同意	比较不同意	非常不同意	我的意见
从科学研究视角看,科技计划项目元数据具有多学科、专业领域性等特征	9	8	7	6	5	4	3	2	1	

附录 D 科技计划项目元数据框架问卷调查

续表

评价意见	不了解	不能应用	非常同意	比较同意	有些同意	中立	有些不同意	比较不同意	非常不同意	我的意见
从科研环境看，科技计划项目元数据具有网络性、社会化等特征	9	8	7	6	5	4	3	2	1	
从业务流程视角看，科技计划项目元数据具有系统性、复杂性等特征	9	8	7	6	5	4	3	2	1	
从资源配置视角看，科技计划项目元数据具有多主体、互操作等特征	9	8	7	6	5	4	3	2	1	

3.下述科技计划项目元数据框架的构建方法，您认为（请在您选择的答案后画"√"）：

评价意见	不了解	不能应用	非常同意	比较同意	有些同意	中立	有些不同意	比较不同意	非常不同意	我的意见
用户访谈法——从用户的经验、实践角度归纳科技计划项目元数据，确保所形成的元数据能切实符合用户的需求	9	8	7	6	5	4	3	2	1	

续表

评价意见	不了解	不能应用	非常同意	比较同意	有些同意	中立	有些不同意	比较不同意	非常不同意	我的意见
"文献"保证法——从现有涉及科技计划项目管理的"文献"中概括出科技计划项目管理元数据的需求，做到有元数据必定有"文献"做保证	9	8	7	6	5	4	3	2	1	
业务流程法——借鉴信息系统设计时常用的需求分析结构化方法，建立实体－关系（E-R）模型，确定不同视角下、不同生命周期业务过程的实体、关系及其属性	9	8	7	6	5	4	3	2	1	
标准化法——借鉴国内外相关元数据标准规范，在领域内形成规范的科技计划项目元数据标准	9	8	7	6	5	4	3	2	1	

附录 D 科技计划项目元数据框架问卷调查

4. 下述科技计划项目元数据框架的构建过程，您认为（请在您选择的答案后画"√"）：

评价意见	不了解	不能应用	非常同意	比较同意	有些同意	中立	有些不同意	比较不同意	非常不同意	我的意见
科技计划项目元数据框架构建是一个复杂的过程，从单个课题到重大计划（基金），从项目指南到评价奖励，科技计划项目很难用单维元数据来呈现出来	9	8	7	6	5	4	3	2	1	
科技计划项目元数据框架构建需要收集3个维度的信息：计划管理系统信息（包括各种项目申报、结题要求等）、计划管理过程信息（包括科研过程、科技政策、标准规范、指南等）、外部相关信息（科技资源利用、科技评估、奖励等）	9	8	7	6	5	4	3	2	1	

213

面向共享的科技计划项目元数据框架

续表

评价意见	不了解	不能应用	非常同意	比较同意	有些同意	中立	有些不同意	比较不同意	非常不同意	我的意见
科技计划项目元数据创建者包括两类：一类是专业元数据创建者，了解元数据创建和复杂scheme等知识；另一类是领域元数据创建者，很少通过训练，只希望生成相对简单的元数据	9	8	7	6	5	4	3	2	1	
科技计划项目元数据scheme影响元数据的应用，因此选择scheme是元数据创建的第一步	9	8	7	6	5	4	3	2	1	

附录D 科技计划项目元数据框架问卷调查

科技计划项目元数据框架要素及关系

5.对于下图所示的科技计划项目元数据类型,您认为(请在您选择的答案后画"√"):

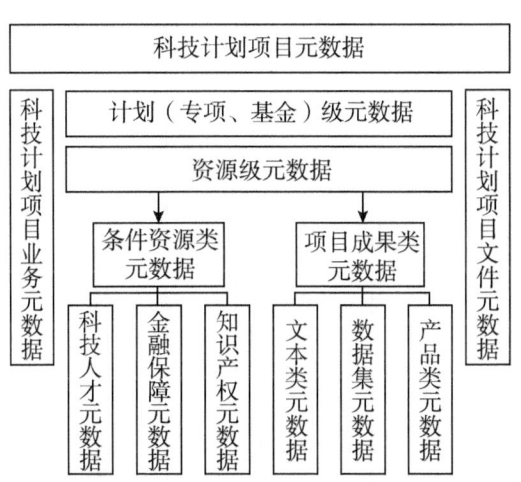

评价意见	不了解	不能应用	非常同意	比较同意	有些同意	中立	有些不同意	比较不同意	非常不同意	我的意见
科技计划项目元数据可分为计划(专项、基金)级元数据、资源级元数据和管理元数据三类	9	8	7	6	5	4	3	2	1	
计划(专项、基金)级元数据按实体元数据(计划类别、计划名称、计划管理机构、计划开始日期等)和关系元数据(计划专家库、计划重要成果、计划属性)两种类型划分	9	8	7	6	5	4	3	2	1	

215

续表

评价意见	不了解	不能应用	非常同意	比较同意	有些同意	中立	有些不同意	比较不同意	非常不同意	我的意见
资源级元数据可分条件资源类元数据和项目资源类元数据	9	8	7	6	5	4	3	2	1	
科技计划项目管理元数据设计步骤可分为：①参考相关政策法规、标准规范等，构建科技计划项目核心管理词汇；②分析科技计划项目业务流程，构建面向关系的科技计划项目E-R设计模型；③结合管理信息核心词汇，构建科技计划项目申报、过程管理、结题、应用4个基本阶段的实体、关系及属性；④构建科技计划项目元数据Schema	9	8	7	6	5	4	3	2	1	

附录 D 科技计划项目元数据框架问卷调查

6.因为下述原因，科技计划项目元数据概念模型可以借鉴 DC 新加坡框架，您认为（请在您选择的答案后画"√"）：

评价意见	不了解	不能应用	非常同意	比较同意	有些同意	中立	有些不同意	比较不同意	非常不同意	我的意见
英国科学技术设备委员会制定的核心科学元数据模型（Core Scientific Metadata Model），借鉴 DC 新加坡框架制定了具有层次结构的元数据标准	9	8	7	6	5	4	3	2	1	
Alex Ball 科学元数据分为地理空间/环境、生物、社会科学和人文、结构科学、一般研究等5个领域，这5个科学领域的代表性元数据模型都与 DC 有着直接或间接的关联	9	8	7	6	5	4	3	2	1	
DC 新加坡框架包括功能要求、领域模型、描述集、使用指南、编码语法指南五大功能，能够实现科技计划项目元数据的最大化互操作和最大可用性	9	8	7	6	5	4	3	2	1	

科技计划项目元数据框架内容

7.对于下面的科技计划项目元数据框架构建模型,您认为(请在您选择的答案后画"√"):

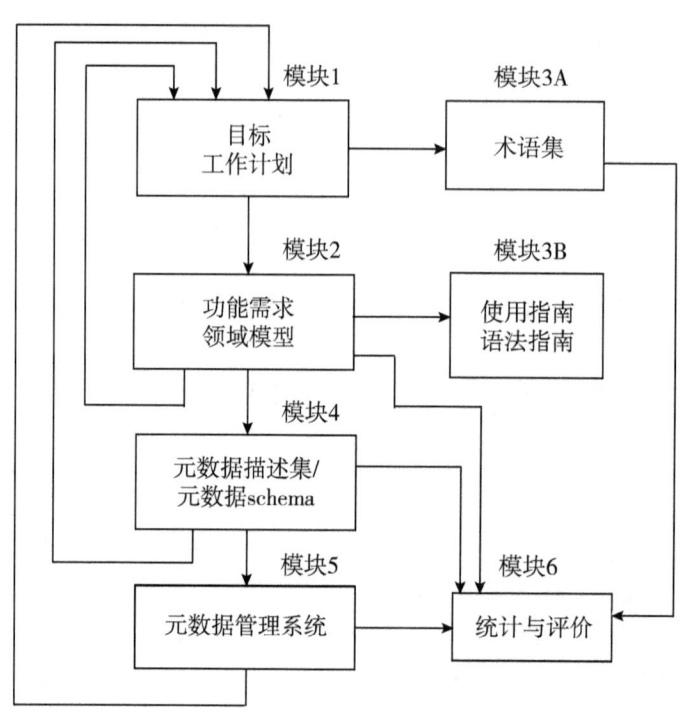

评价意见	不了解	不能应用	非常同意	比较同意	有些同意	中立	有些不同意	比较不同意	非常不同意	我的意见
科技计划项目元数据框架作为信息产品,包括领域模型、描述集/schema、使用指南、元数据术语集、元数据管理系统等模块	9	8	7	6	5	4	3	2	1	

附录 D 科技计划项目元数据框架问卷调查

续表

评价意见	不了解	不能应用	非常同意	比较同意	有些同意	中立	有些不同意	比较不同意	非常不同意	我的意见
科技计划项目元数据框架构建步骤包括工作计划确定、功能需求分析、构建领域模型、构建元数据描述集/schema、构建元数据管理系统等阶段	9	8	7	6	5	4	3	2	1	
科技计划项目元数据框架构建步骤是迭代的，每个阶段的开始建立在前一个阶段的研究结果基础上，并相互呼应，互相借鉴	9	8	7	6	5	4	3	2	1	
术语集、使用指南、语法指南是科技计划项目元数据框架的可选组成部分	9	8	7	6	5	4	3	2	1	

219

8. 对于下图所示的科技计划项目结题验收 E-R 关系图，您认为（请在您选择的答案后画"√"）：

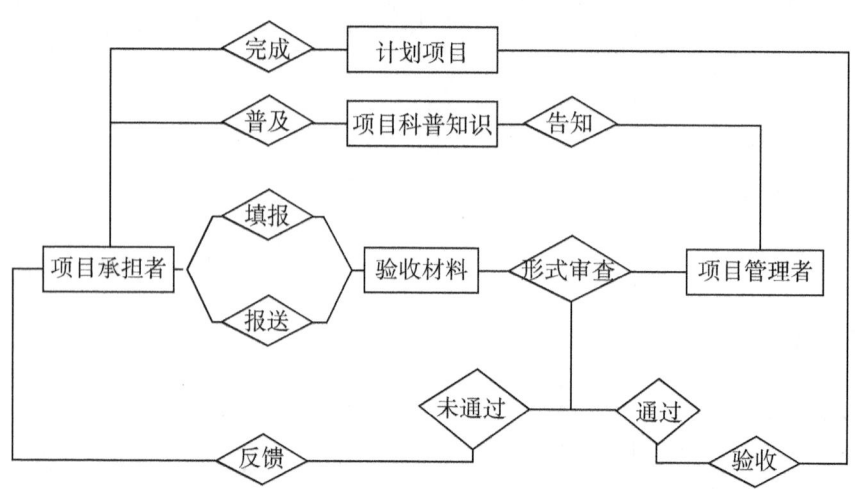

评价意见	不了解	不能应用	非常同意	比较同意	有些同意	中立	有些不同意	比较不同意	非常不同意	我的意见
结题验收阶段实体及关系主要分如下3类：参与者（项目承担者、项目管理者、专业机构、验收专家组）、活动（准备验收材料、形式审查、验收项目）及服务（组织验收通知、公布验收结果）	9	8	7	6	5	4	3	2	1	

附录 D 科技计划项目元数据框架问卷调查

续表

评价意见	不了解	不能应用	非常同意	比较同意	有些同意	中立	有些不同意	比较不同意	非常不同意	我的意见
结题阶段的实体包括项目承担者、项目管理者、计划项目、验收材料、科普知识	9	8	7	6	5	4	3	2	1	
结题阶段的关系包括完成、普及、填报、报送、告知、形式审查、未通过、通过、反馈、验收	9	8	7	6	5	4	3	2	1	
"计划项目"实体包括计划领域、年度、项目编号、项目名称等属性	9	8	7	6	5	4	3	2	1	

9. Jian Qin 等在 2013 年 DC 会议论文中，调研了 16 个科学数据的元数据标准的 4400 多个独立元素，并将这些元素分为管理、语境、描述、地理空间、通用、标识、语义、时态、技术 9 类。重复分布最高的是描述类，这部分元数据大部分与 DC 元素交叉。因此，可借鉴 DC 元数据来表示大部分科学数据。针对上述说法，您的态度是

□非常不同意　　□不同意　　□中立　　□同意　　□非常同意

10.科技报告元数据结构采取基础元数据+特征扩展元数据方式，其中特征扩展元数据包括上传格式特征元数据（参考美国能源部 STI 元数

据）、传播共享特征元数据（参考美国 NTIS 科技报告数据库核心元数据）、科技项目特征元数据（参考 GB/T 30535—2014《科技报告元数据规范》）。针对上述说法，您的态度是

□非常不同意　　□不同意　　□中立　　□同意　　□非常同意

11. 请问您对附件中科技计划项目计划（专项、基金）级元数据的意见和建议：

_____
_____
_____

12. 请问您对附件中科技计划项目资源级元数据的意见和建议：

_____
_____
_____

13. 请问您对附件中科技计划项目管理元数据的意见和建议：

_____
_____
_____

14. 其他意见和建议：

_____
_____
_____

附录 E 科技计划项目元数据管理访谈提纲

E.1 面向科技计划项目管理人员的访谈提纲

尊敬的女士/先生：

您好！国家科技计划项目是创新驱动发展战略的重要支撑。科技计划项目元数据既是科技计划项目管理和实施过程中形成和积累的科技资源，也是支持知识共享和协同创新的一种形式化语言。元数据管理是确保元数据效率和效用的组织过程和行为，为研究当前国家科技计划项目元数据管理和实施过程的现状、挑战，以及环境因素、政策因素、人员因素等影响问题，进而对国家科技计划项目元数据框架进行理论研究，特进行本次访谈。

本访谈采取匿名方式，内容只做学术研究。

您的协助对本研究有莫大的帮助，感谢您的付出和支持，谢谢！

【名词解释】

■ 国家科技计划项目主要指以中央财政投入为主的国家级科研项目，如 863 计划项目、科技支撑计划项目等。

■ 科技计划项目元数据是指描述科技计划项目背景、内容、结构及其整个管理过程的结构化或半结构化信息，如大型仪器统计表格的描述项、科技报告编写模板中的科技报告基本信息表中各信息项（报告名称、作者、单位等）。

■ 科技计划项目元数据管理是指科技计划项目相关主体通过简洁而清晰的计划、组织和有效管理，确保科技计划项目元数据质量和高效应用。

1. 国家科技计划项目管理包括哪些核心环节？
2. 科研管理部门怎样汇集科技计划项目管理过程中的元数据，如2014年科技基础条件资源调查中的大型科学仪器基本信息表？
3. 您认为是否有必要对科技计划项目管理过程中所涉及的术语进行概念统一，如企业专家、第三方评估等？
4. 您认为在当前科技计划项目元数据的收集、确定和管理等方面存在哪些困难和问题？
5. 您认为是否有必要对科技计划项目管理过程中的各类元数据进行统一管理？
6. 如果要对科技计划项目元数据进行统一管理，您认为科研人员、信息中心人员和计划管理人员应如何分工合作？
7. 如果要对科技计划项目元数据进行统一管理，您认为对科技计划项目元数据进行统一管理的困难和问题是什么，有哪些有利条件和不利因素？
8. 元数据是一种显示属性和关系的形式化语言，您认为如果将科技计划项目管理流程和关系通过管理元数据图示出来，对管理行为有无帮助？

E.2 面向科技计划项目相关信息技术人员的访谈提纲

尊敬的女士/先生：

您好！国家科技计划项目是创新驱动发展战略的重要支撑。科技计划项目元数据既是科技计划项目管理和实施过程中形成和积累的科技资源，也是支持知识共享和协同创新的一种形式化语言。元数据管理是确保元数据效率和效用的组织过程和行为，为研究当前国家科技计划项目

附录 E 科技计划项目元数据管理访谈提纲

元数据管理和实施过程的现状、挑战，以及环境因素、政策因素、人员因素等影响问题，进而对国家科技计划项目元数据框架进行理论研究，特进行本次访谈。

本访谈采取匿名方式，内容只做学术研究。

您的协助对本研究有莫大的帮助，感谢您的付出和支持，谢谢！

【名词解释】

- 国家科技计划项目主要指以中央财政投入为主的国家级科研项目，如 863 计划项目、科技支撑计划项目等。
- 科技计划项目元数据是指描述科技计划项目背景、内容、结构及其整个管理过程的结构化或半结构化信息，如大型仪器统计表格的描述项、科技报告编写模板中的科技报告基本信息表中各信息项（报告名称、作者、单位等）。
- 科技计划项目元数据管理是指科技计划项目相关主体通过简洁而清晰的计划、组织和有效管理，确保科技计划项目元数据质量和高效应用。

1. 您负责或参与过哪些类型的科技计划项目信息系统？

2. 您在科技计划项目信息系统构建的各个阶段都需要获取哪些类型的元数据，通过什么方式获取？

3. 您认为是否有必要对科技计划项目管理过程中所涉及的术语进行概念统一，如企业专家、第三方评估等？

4. 您认为在当前科技计划项目元数据的收集、确定和管理等方面存在哪些困难和问题？

5. 您认为是否有必要对科技计划项目管理过程中的各类元数据进行统一管理？

6. 如果要对科技计划项目元数据进行统一管理，您认为科研人员、信息中心人员和计划管理人员应如何分工合作？

7. 如果要对科技计划项目元数据进行统一管理，您认为高层次的概念模型是否有帮助，您推荐哪一种？

8. 您认为科技计划项目元数据要确保质量和互操作，需要采取哪些措施？

9. 您认为事先制定科技计划项目元数据标准，是否有助于建立统一的、面向各类计划的科技计划项目管理信息系统？

E.3 面向一线科研人员的访谈提纲

尊敬的女士/先生：

您好！国家科技计划项目是创新驱动发展战略的重要支撑。科技计划项目元数据既是科技计划项目管理和实施过程中形成和积累的科技资源，也是支持知识共享和协同创新的一种形式化语言。元数据管理是确保元数据效率和效用的组织过程和行为，为研究当前国家科技计划项目元数据管理和实施过程的现状、挑战，以及环境因素、政策因素、人员因素等影响问题，进而对国家科技计划项目元数据框架进行理论研究，特进行本次访谈。

本访谈采取匿名方式，内容只做学术研究。

您的协助对本研究有莫大的帮助，感谢您的付出和支持，谢谢！

【名词解释】

- 国家科技计划项目主要指以中央财政投入为主的国家级科研项目，如863计划项目、科技支撑计划项目等。
- 科技计划项目元数据是指描述科技计划项目背景、内容、结构及其整个管理过程的结构化或半结构化信息，如大型仪器统计表格的描述项、科技报告编写模板中的科技报告基本信息表中各信息项（报告名称、作者、单位等）。
- 科技计划项目元数据管理是指科技计划项目相关主体通过简洁而清晰的计划、组织和有效管理，确保科技计划项目元数据质量和高效应用。

附录 E　科技计划项目元数据管理访谈提纲

1. 您主持或参与过哪些类型的科技计划项目？

2. 您所参与的科技计划项目是否有数据管理计划要求？您愿不愿意提交和共享项目中的数据管理计划？

3. 您认为对科技计划项目管理过程中所涉及的术语进行概念统一，如企业专家、第三方评估等，对您理解科技计划项目及相关流程是否有帮助？

4. 您认为在当前科技计划项目研究过程中，元数据的收集、确定和管理存在哪些困难和问题？

5. 您认为是否有必要对科技计划项目管理过程中的各类元数据进行统一管理？

6. 如果要对科技计划项目元数据进行统一管理，您认为科研人员、信息中心人员和计划管理人员应如何分工合作？

7. 如果要对科技计划项目元数据进行统一管理，您认为对科技计划项目元数据进行统一管理的困难和问题是什么，有哪些有利条件和不利因素？

8. 元数据是既面向机器，又面向人的形式化语言，您认为将科技计划项目元数据通过可视化技术和良好界面表示，对您理解和掌握元数据有无帮助？

参考文献

[1] 中华人民共和国科学技术部. 十三五科技计划体系说明［EB/OL］. ［2021-07-19］. http://service. most. gov. cn/index/xwljh. html.

[2] FISCHER B A, ZIGMOND M J. The essential nature of sharing in science ［EB/OL］. ［2021-07-12］. http://link. springer. com/article/10. 1007/s11948-010-9239-x/fulltext. html.

[3] YANG X Y, WALLOM D, WADDINGTON S, et al. Cloud computing in e-science: research challenges and opportunities［J］. Journal of supercomputing, 2014, 70（1）: 408-464.

[4] 谭志刚, 陈灵通, 黄方. 科技资源共享市场化运营的可行性研究［J］. 科技创新导报, 2014（14）: 228-229.

[5] 杨尚东. 国际一流企业科技创新体系的特征分析［J］. 中国科技论坛, 2014（2）: 154-160.

[6] 刘润达. 科技资源共享及其关键问题分析: 基于利益驱动的视角［J］. 情报杂志, 2014, 33（1）: 173-177.

[7] 李海峰, 党延忠. 科技项目管理中知识转化模式与知识共享评价研究［J］. 科学学与科学技术管理, 2010（5）: 135-141.

[8] 张英杰, 彭洁. 国内外科技信息资源元数据框架对比研究［J］. 数字图书馆论坛, 2013（3）: 39-45.

[9] CHEN Y N, CHEN S J, CHIANG H Y, et al. A case study in designing Chinese metadata［J］. Online information review, 2000, 24（3）: 229-234.

[10] Technical Committee ISO/TC46. ISO/TR 23081-3: 2011 Information and documentation – Managing metadata for records— Part 3: Self-assessment

method [S]. Geneva: International Organization for Standardization, 2006.

[11] SICILIA M A. Handbook of metadata, semantics and ontologies [M]. Singapore: World Scientific Publishing, 2014.

[12] WOODLEY M S, CIEMENT G, WINN P. DCMI Glossary [EB/OL]. http://dublincore.org/documents/usageguide/glossary.shtml#Y.

[13] Dublin Core Metadata Initiative. The Singapore framework for Dublin core application profiles [EB/OL]. [2021-07-28]. http://dublincore.org/documents/singapore-framework/.

[14] BALL A. Overview of scientific metadata for data publishing, citation, and curation [EB/OL]. [2021-07-18]. http://opus.bath.ac.uk/26309/1/scientific-metadata-ajb.pdf?origin=publication_detail.

[15] Digital Curation Centre. CSMD-CCLRC core scientific metadata model [EB/OL]. [2021-07-21]. http://www.dcc.ac.uk/resources/metadata-standards/csmd-cclrc-core-scientific-metadata-model.

[16] EVANS J, ROUCHE N. Utilizing systems development methods in archival systems research: building a metadata schema registry [J]. Archival science, 2004 (4): 315-334.

[17] OTTO B, FOLMER E, EBNER V. A characteristics framework for semantic information systems standards [C]. Inf Syst E-Bus Manage, 2012, 10: 571-602.

[18] 刘春燕，安小米. 基于生命周期的科技信息资源共享元数据研究[J]. 情报理论与实践，2018，5（41）：39-43.

[19] 马雨萌，祝忠明. 数字科研环境下国外新型科研资源组织管理研究进展[J]. 图书情报工作，2013，57（13）：5-11.

[20] 中国网. 国家中长期科学和技术发展规划纲要（2006—2020年）[2021-07-21]. http://www.china.com.cn/tech/txt/2005-12/31/content_6080117.htm.

[21] 苏靖，陈志辉，范治成. 促进科技资源共享的国际借鉴与思考[J]. 全球科技经济瞭望，2013，28（1）：26-33.

[22] 孙凯.科技资源共享可行性分析及对策建议[J].西北大学学报,2005(5):109-112.

[23] 赵辉,彭洁.基于资源基础观的科技资源共享机构建设机制研究[J].中国基础科学,2012(5):30-33.

[24] HORODYSKI J. Key concepts and best practices for using metadata in digital asset management systems[EB/OL].[2021-07-21].https://www.widen.com/blog/new-widen-digital-asset-management-white-paper-examines-key-concepts-and-best-practices-for-using-metadata-in-dam-systems.

[25] 丁厚德.科技资源配置的新问题和对策分析[J].科学学研究,2005,23(4):474-480.

[26] 王蓉,楼俊林.论中国科技资源共享的社会化公共服务创新模式的规约法规框架[J].新华文摘,2009(13):142-144.

[27] 李纪珍,邓衢文.促进科技资源开放共享的"北京模式"[J].中国科技资源导刊,2011,43(2):1-10.

[28] 宋玉厚,朱榜芹,乔威,等.基于ERP管理思想构建大型仪器设备开放共享体系[J].现代教育技术,2011,21(3):149-151.

[29] 姬有印.基于SOA框架的科技资源ESB整合共享研究[J].中国信息界,2011(9):53-54.

[30] 朱兴国,武少波,夏显鄂.基于元数据的数据共享系统框架设计研究[J].科协论坛,2010(4):51-52.

[31] 温家宝.关于科技工作的几个问题[EB/OL].[2021-07-21].http://www.gov.cn/ldhd/2011-07/16/content_1907593.htm.

[32] 张爱霞,潘晓蓉,沈玉兰.国家科技计划项目文件资源管理要素研究[J].图书馆论坛,2012,32(3):167-171.

[33] JENSEN S.An adaptable repository for complex scientific metadata[D].Bloomington:Indiana University,2010.

[34] 韦青松.我国科技资源共享研究综述[J].企业研究与发展,2012(11):6-10.

[35] 李胡,刘希宋,于立群.科技成果转化知识共享的机理研究[J].情报科学,2010,28(1):119-123.

[36] 李雪山,雷强,安源.铁路科技成果交流共享服务系统的设计与实现[J].中国铁路,2012(1):26-29.

[37] 刘文鹏,于洋,邓益志.国家科技成果论文共享机制研究[J].数字图书馆论坛,2012(7):27-31.

[38] 刘希宋,李王月,喻登科.国防工业科技成果转化的知识共享模式研究[J].情报杂志,2009,28(3):117-120.

[39] ALEMU G, STEVENS B, ROSS P. Towards a conceptual framework for user-driven semantic metadata interoperability in digital libraries: a social constructivist approach[J]. New library world, 2012, 113(1/2):38-54.

[40] GILLILAND A J. Reflections on the value of metadata archaeology for recordkeeping in a global: digital world[J]. Journal of the society of archivists, 2011, 32(1):103-118.

[41] 崔纪锋,张勇,邢春晓.元数据在数据库互操作中的应用[J].计算机科学与探索,2011,5(4):305-312.

[42] 兰天,王文双,程继红.基于本体的海军军械保障元数据构建方法研究[J].计算机与现代化,2011(10):156-159.

[43] 刘海学.基于语义标注的元数据自动构建及其相关技术研究[D].上海:华东师范大学,2010.

[44] MALAXA V, DOUGLAS L. A framework for metadata creation tools[J]. Interdisciplinary journal of knowledge and learning object, 2005(1):151-162.

[45] RAJASEKAR A, MOORE R. Data and metadata collections for scientific applications[C]. The Netherlands: international conference on high-performance computing and networking (HPCN Europe), 2001.

[46] SINGH G, BHARATHI S, CHERVENAK A, et al. Phoenix Arizona: PEARLMAN L. A metadata catalog service for data intensive applications[C]. 2003 ACM/IEEE conference on supercomputing, 2003.

[47] GILLILAND A J. Introduction to metadata: setting the stage[EB/OL].[2022-03-03]. http://www.getty.edu/publications/intrometadata/setting-

the-stage/.

[48] MCKEMMISH S, ACLAND G, REED B. Towards a framework for standardizing recordkeeping metadata: the Australian recordkeeping metadata schema [J]. Records management journal, 1999, 9 (3): 173-198.

[49] 张东. 论元数据互操作的层次 [J]. 信息系统, 2005 (6): 648-650.

[50] 林海青. 元数据互操作的逻辑框架 [J]. 数字图书馆论坛, 2007 (8): 1-10.

[51] 孙晓菲. 数字时代的元数据实践 [M]. 杭州: 浙江大学出版社, 2013.

[52] DEMPSEY L. A review of metadata: a survey of current resource description formats [EB/OL]. [2021-07-21]. http://www.ukoln.ac.uk/metadata/desire/overview/rev_09.htm.

[53] National Information Standards Organization. Understanding metadata [M]. Bethesda: NISO Press, 2004: 1-2.

[54] 王霞. 卫生统计调查元数据概念模型的研究 [D]. 西安: 第四军医大学, 2006.

[55] 陈淑君. Metadata 理论与实务 [EB/OL]. [2021-07-21]. http://www.sinica.edu.tw/~ndaplib/channels/dlm91_92.htm#MD.

[56] 王绍平, 郑巧英, 孙华, 等. 信息资源基础管理性元数据框架的数据模型 [J]. 情报杂志, 2008 (3): 93-96.

[57] 许君, 魏臻. 浅谈电子政务元数据框架 [J]. 信息化建设, 2004 (6): 207-209.

[58] 张明宝, 夏安邦. 制造联盟资源计划元数据框架 [J]. 计算机集成制造系统 CIMS, 2004, 10 (4): 442-446.

[59] 孟昕, 樊文有, 卞洲罡. 基于元数据框架设计的 MAPGIS 油田数据管理系统 [J]. 数字石油和化工, 2006 (12): 19-22.

[60] EVANS J, MCKEMMISH S, BHODAY K. Create once, use many times: the clever use of recordkeeping metadata for multiple archival

purposes [J]. Archival science, 2005 (5): 17-42.

[61] MENDEZ E, VAN HOOLANDS. Metadata quality [M] //SICILIA M A. Handbook of metadata, semantics and ontologies. Singapore: World Scientific Publishing Co. Pte. Ltd., 2014: 25-27.

[62] 陈磊, 孙济庆. 战略联盟中物流信息交换元数据框架研究[J]. 物流技术, 2007, 26 (3): 114-115.

[63] 李学荣, 李莎. 海洋水色遥感元数据及其系统设计[J]. 热带海洋学报, 2007 (1): 81-86.

[64] Intra-Governmental Group on Geographic Information. The principles of good metadata management [EB/OL]. [2022-03-03]. https://www.docin.com/p-1982163700.html.

[65] WEBER M B, FAVARO S. Beyond dublin core: development of the workflow management system and metadata implementation at Rutgers, the State University of New Jersey [C]. Chapel Hill, North Carolina: Rutgers University, 2007.

[66] SUN L. A metadata manager's role in collaborative projects: the Rutgers University libraries experience[J]. The electronic library, 2008, 26(6): 777-789.

[67] 梅琨, 边馥苓. 分布式网络环境下地理信息元数据框架研究[J]. 武汉大学学报(信息科学版), 2006, 31 (4):356-359.

[68] VAN HARMELEN F, KAMPIS G, GOBLE C, et al. Theoretical and technological building blocks for an innovation accelerator [J]. The European physical journal special topics, 2012 (214): 183-214.

[69] Department of Commerce. Innovation measurement: tracking the state of innovation in the American economy [R]. SSRN electronic journal, 2008.

[70] SWAN A, BROWN S. The skills, role and career structure of data scientists and curators: an assessment of current practices and future needs [M]. Truro: Key Perspectives Ltd., 2008.

[71] NASOZ F, BRYCE R C, PALMER C J, et al. A user-centric metadata creation tool for preserving the nation's ecological data [C] //SMITH M J,

SALVENDY G. Human interface and the management of information: methods, techniques and tools in information design. HCII 2011, LNCS 6771, 2011: 122-131.

[72] WADDINGTON S, ZHANG J, KNIGHT G, et al. Cloud repositories for research data: addressing the needs of researchers [J]. Journal of cloud computing: advances, systems and applications, 2013, 2(1): 1-27.

[73] ALEMU G, STEVENS B, ROSS P. Towards a conceptual framework for user-driven semantic metadata interoperability in digital libraries: a social constructivist approach [J]. New library world, 2012, 113(1/2): 38-54.

[74] JEREMY F. Digital libraries: modern practices, future visions [J]. OCLC systems and services, 2006, 22(1): 23-25.

[75] TSOU M H. An operational metadata framework for searching, indexing, and retrieving distributed geographic information services on the internet [C]. GIScience 2002, LNCS 2478, 2002: 313-332.

[76] FARINHA J, TRIGUEIROS M J. An extensible metadata framework for data quality assessment of composite structures [C] // Data Warehousing and Knowledge Discovery. 9th International Conference on Data Warehousing and Knowledge Discovery(DaWaK 2007):34-44.

[77] QUINN J P, GÓRSKI M K. Toward an international virtual observatory [M]. Berlin, Heidelberg: Springer, 2004: 106-111.

[78] 王绍平, 郑巧英, 孙华, 等. 信息资源基础管理性元数据框架的数据模型[J]. 情报杂志, 2008(3): 93-96.

[79] The European Organisation for International Research Information. CERIF data model [EB/OL]. [2021-07-28]. http://www.eurocris.org/Index.php?page=CERIFreleases&t=1.

[80] euroCRIS. Current research information systems[EB/OL].[2021-07-28]. https://www.eurocris.org/.

[81] ASSERSON A, JEFFERY K G, LOPATENKO A. CERIF: past, present and future: an overview [EB/OL]. [2021-07-28]. https://wenku.

baidu. com/view/624ac33767ec102de2bd891c. html.

[82] Consortia Advancing Standards in Research Administration Information. CrediT-Contributor Roles Taxonomy [EB/OL]. [2022-03-03]. http://casrai. org/credit.

[83] Consortia Advancing Standards in Research Administration Information. Research date management glossary [EB/OL]. [2022-03-03]. http://casrai.org/rdm-glossary/.

[84] SUFI S, MATHEWS B. CCLRC scientific metadata model: Version 2 [EB/OL]. [2021-07-28]. http://www. researchgate. net/publication/30405864_CCLRC_Scientific_Metadata_Model_Version_2.

[85] 国务院办公厅.科学数据管理办法[EB/OL].[2021-07-28]. https://wenku. baidu. com/view/642626a58bd63186bdebbc46. html.

[86] 王喜乐,孙九林,杨雅萍,等.973计划资源环境领域项目数据汇交实践与思考[J].中国科技资源导刊,2011,43(3):1-5.

[87] 曹彦荣,毕建涛,池天河,等.基于元数据的科学数据汇交研究[J].测绘科学,2005,30(6):71-73.

[88] 阚瑗珂,朱利东,汤晶,等.服务于大型综合地学科研项目的在线数据支撑平台[J].地球学报,2012,33(1):91-97.

[89] 蔡佳男,耿庆斋.水利科学数据共享汇交体系探索与构建[J].中国水利水电科学研究院学报,2006,4(1):31-41.

[90] 周宝平.论科学数据共享平台的设计与实现[J].山西科技,2010,25(2):48-49.

[91] 袁烁峰,林小露.基于共性元数据规范的科技计划项目数据资源整合[J].科技管理,2012(4):19-21.

[92] 胡永健,周寄中.科技资源信息元数据质量审核方法研究[J].技术与创新管理,2011,23(1):41-47.

[93] DONEGAN S. Metadata for data discovery: the NERC data catalogue service [EB/OL]. [2021-07-28]. https://docplayer. net/10288310-Metadata-for-data-discovery-the-nerc-data-catalogue-service-steve-donegan. html.

[94] Government of India. National data sharing and accessibility policy—2012

[EB/OL]. [2021-07-28]. http://www.ogpl.gov.in/NDSAP/NDSAP-30Jan2012.pdf.

[95] Archaeology Data Service. Project metadata [EB/OL]. [2021-07-28]. http://guides.archaeologydataservice.ac.uk/g2gp/CreateData_1-2.

[96] Open Data Foundation. Leveraging metadata standards in RDC [EB/OL]. [2021-07-28]. http://www.opendatafoundation.org/papers/IZA_200711_session1_Leveraging_Metadata.ppt#294, 28, RDC Metadata Framework.

[97] NICHOLSON D. Interpretive journeys and METS: determining requirements for the effective management of complex digital objects in a national park [J]. Journal of documentation, 2006, 62 (2): 271-290.

[98] O'NEILL K. Metadata of NERC DataGrid [EB/OL]. [2021-07-28]. https://www.doc88.com/p-0813276810071.html?r=1.

[99] SeaDataNet. Metadata format [EB/OL]. [2021-07-28]. https://www.seadatanet.org/Standards/Metadata-formats.

[100] British Atmospheric Data Centre. MOLES: metadata objects for linking environmental science [EB/OL]. [2021-07-28]. http://proj.badc.rl.ac.uk/moles/wiki.

[101] PATERSON M, LINDSAY D, MONOTTI A, et al. Dart: a new missile in Australia's e-research strategy [J]. Online information review, 2007, 31 (2): 116-134.

[102] HARRIS P A, TAYLOR R, THIELKE R, et al. Research electronic data capture (REDCap)– a metadata-driven methodology and workflow process for providing translational research informatics support [EB/OL]. [2021-07-28]. http://www.ncbi.nlm.nih.gov/pubmed/18929686.

[103] NEWHOUSE S, SCHOPF J M, RICHARDS A, et al. Study of user priorities for e-infrastructure for e-research (SUPER) [C]. Proceedings of the UK e-Science All Hands Meeting, 2007.

[104] 赵辉. 使用元数据框架改善数据资源质量 [J]. 中国科技资源导刊, 2008, 40 (2): 73-75.

[105] ALEMU G, STEVENS B, ROSS P. Towards a conceptual framework

for user-driven semantic metadata interoperability in digital libraries: a social constructivist approach [EB/OL]. [2021-02-28]. https://www.researchgate.net/profile/Brett_Stevens2/publication/241890605_Towards_a_conceptual_framework_for_user-driven_semantic_metadata_interoperability_in_digital_libraries_A_social_constructivist_approach/links/53e0cba90cf2d79877a500e3/Towards-a-conceptual-framework-for-user-driven-semantic-metadata-interoperability-in-digital-libraries-A-social-constructivist-approach.pdf.

[106] HORODYSKI J. A guide to the lifeblood of DAM: key concepts and best practices for using metadata in digital asset management systems [EB/OL]. [2021-07-11]. http://www.widen.com/white-papers-videos-webinars-newsletters-and-more/white-papers/best-practices-for-metadata-in-dam-systems-white-paper/.

[107] BARATA K J. Functional requirements for evidence in recordkeeping: further developments at the University of Pittsburgh [J]. Bulletin of the American society for information science technology, 1997, 23(5): 14-15.

[108] QIN J, LI K. How portable are the metadata standards for scientific data? a proposal for a metadata infrastructure [EB/OL]. [2021-07-15]. http://dcevents.dublincore.org/IntConf/index/pages/view/2013-peerAbstracts#Qin.

[109] MALTA M C, BAPTISTA A A. Me4DCAP V0.1: a method for the development of Dublin core application profiles [J]. Information services & use 2013, 33(2): 161-171.

[110] ZUMER M, ZENG M L, SALABA A. FRBR: a generalized approach to Dublin core application profiles [EB/OL]. [2021-07-04]. http://dcpapers.dublincore.org/ojs/pubs/article/view/1024/986.

[111] 安小米. 知识管理方法集成应用 [J]. 情报资料工作, 2012(5): 36-39.

[112] FOULONNEAU M, RILEY J. Metadata for digital resources: implementation, systems design and interoperability [M]. Oxford:

Chandos Publishing, 2008: 203.

[113] HAYNESS D. Metadata for information management and retrieval [M]. London: Facet Publishing, 2004.

[114] 国务院. 国务院关于改进加强中央财政科研项目和资金管理的若干意见 [EB/OL]. [2021-07-12]. http://www.most.gov.cn/kjbgz/201403/t20140312_112280.htm.

[115] 赵志全, 周洪伟. 部分发达国家科技计划和项目管理初探 [J]. 中国高新技术企业, 2011 (31): 22-23.

[116] DOLLAR C M. An "insider/outsider" perspective on the electronic records program of the National Archives of the United States[M]//AMBACHER B I. Thirty years of electronic records. Lanham (MD) and Oxford: the Scarecrow Press, 2003: 139-147.

[117] 中华人民共和国科学技术部. 科技部 财政部 发展改革委关于印发《科技评估工作规定（试行）》的通知 [EB/OL]. [2021-07-12]. http://www.nmp.gov.cn/tztg/201612/t20161222_4804.htm.

[118] 中国数字植物标本馆. 国家标本资源共享平台元数据建设研讨会在植物所召开 [EB/OL]. [2021-07-25]. http://www.cvh.ac.cn/news/13.

[119] 赵丽文. 以元数据仓储为核心的自治区科技信息资源共享支撑应用服务体系研发 [J]. 内蒙古科技与经济, 2014 (2): 87-89.

[120] BRIN A, MCMANAMON PF, NIVEN K, et al. Caring for digital data in archaeology: a guide to good practice [EB/OL]. [2021-07-25]. http://guides.archaeologydataservice.ac.uk/g2gp/CreateData_1-2.

[121] 许永涛. 基于 E-R-P 建模体系的政务信息资源元数据模型与应用研究 [D]. 大连: 大连理工大学, 2008.

[122] 中华人民共和国国家质量监督检验检疫总局, 中国国家标准化管理委员会. 信息与文献 都柏林核心元数据元素集: GB/T 25100—2010 [S]. 北京: 中国标准出版社, 2010.

[123] Technical Committee ISO/TC46. Information and documentation—Records mana-gement processes— Metadata for records Part 1:

Principles：ISO 23081-1：2017［S］. Geneva：International Organization for Standardization，2006.

［124］Technical Committee ISO/IEC JTC1 Information technology— Metadata registries（MDR）Part 1：Framework：ISO/IEC 11179-1：2004［S］. Geneva：International Organization for Standardization，2004.

［125］Technical Committee ISO/TC46. Information and documentation—Managing metedata for records—Part 2：Conceptual and implementation issues：ISO 23081-2：2009［S］. Geneva：International Organization for Standardization，2009.

［126］海南省档案局. 电子文件元数据标准（征求意见稿）［EB/OL］.［2021-07-25］. https://www.hainan.gov.cn/szfbgt/sdaj/wjxz/200806/355a12126d034b9f81a58ee76feb8334.shtml.

［127］科技部. 国家科技计划科技报告管理办法［EB/OL］.［2021-07-20］. http://www.most.gov.cn/mostinfo/xinxifenlei/fgzc/gfxwj/gfxwj2013/201310/t20131015_109768.htm.

［128］贺德方. 中国科技报告制度的建设方略［J］. 情报学报，2013，32（5）：452-458.

［129］U S Department of Energy. Office of scientific and technical information 2015—2019 strategic plan［EB/OL］.［2020-07-20］. https://www.osti.gov/home/sites/www.osti.gov.home/files/2015-2019_OSTI_Strategic_Plan.pdf.

［130］Office of Scientific and Technical Information. DOE STI management system［EB/OL］.［2020-07-20］. https://www.osti.gov/elink/.

［131］MCHUGH L. Measuring the value of metadata［EB/OL］.［2021-07-17］. http://www.baseline-consulting.com/uploads/BCG_wp_MeasureValueMetadata.pdf/.

［132］MARCO D. Building and managing the metadata repository：a full lifecycle guide［M］. New York：Wiley Computer Publishing John Wiley & Sons，2000.

［133］赵忠诚，万烁，王昉，等. 元数据在城市水环境系统设施监控预警

决策支持信息平台中的应用［J］．建设科技，2012（14）：65-67.

［134］何斌．省级防汛会商决策支持系统集成化方法及应用研究［D］．大连：大连理工大学，2006.

［135］马费成，赖茂生．信息资源管理［M］．北京：高等教育出版社，2006.

［136］邵强，李友俊，田庆旺．综合评价指标体系构建方法［J］．大庆石油学院学报，2004，28（3）：74-76.

［137］全国信息与文献标准化技术委员会．信息与文献 图书馆绩效指标：GB/T 29182—2012/ISO 11620：2008［S］．北京：中国标准出版社，2012.

［138］林爱群．机构知识库元数据的自动生成与评估研究［J］．图书馆学研究，2009（7）：21-23.

［139］OCHOA X. Metadata quality［M］//SICILIA M A. Handbook of metadata, semantics and ontologies. SICILIA：World Scientific Publishing Co. Pte. Ltd.，2014：63-73.

［140］PALAVITSINIS N，MANOUSEIIS N，ALONSOS S. Evaluation of a metadata application profile for learning resources on organic agriculture［C］. MSTR 2009，CCIS 46，2009：270-281.

［141］CHUTTUR M Y. Training and best practice guidelines：implications for metadata creation［D］. Bloomington: Indiana University，2012.

［142］LAN W C. From document clues to descriptive metadata：document characteristics used by graduate students in judging the usefulness of web documents［D］. North Carolina：the University of North Carolina，2002.

［143］KIM Y，STANTON J M. Institutional and individual influences on scientist's data sharing behaviors a multilevelanalysis［D］. Syracuse：Syracuse University，2013.

［144］WHITE H C. Organizing scientific data sets：studying similarities and differences in metadata and subject term creation［D］. North Carolina：the University of North Carolina，2012.

［145］MITCHELL E T. Metadata literacy：an analysis of metadata awareness in college students[D].North Carolina：the University of North Carolina，2010.

［146］KIM Y. Institutional and individual influences on scientist's data sharing behaviors[D].Syracuse：Syracuse University，2013.

［147］MANDELL R A. Researchers' attitudes towards data discovery：implications for a UCLA data registry[D].California：University of California，2012.

［148］ZIMMERMAN A S. Data sharing and secondary use of scientific data：experiences of ecologists[D].Ann Arbor： University of Michigan，2003.

［149］MARKS J. Sharing research data：a shared responsibility[C].Workshop on shared responsibilities in sharing research data，2007.

［150］中国移动通信集团有限公司.中国移动省级 NG2-BASS 技术规范元数据管理分册（征求意见稿）[EB/OL].[2021-07-28]. https://wenku.baidu.com/view/aeb6ebb4b6daa58da0116c175f0e7cd185251861.html.

［151］WESTBROOKS E L. Remarks on metadata management[J]. OCLC systems & services，2005，21（1）：5-7.

［152］Federal spending transparency[EB/OL].[2021-07-28].https：//fedspendingtransparency. github. io/data-model/.

［153］Grants[EB/OL].[2021-09-28].https：//www. grants. gov/web/grants/home. html.

［154］中华人民共和国科学技术部.关于加强国家科技计划成果管理的暂行规定[EB/OL].[2021-07-28].http://www. most. gov. cn/fggw/zfwj/zfwj2003/200512/t20051214_54936. htm.

［155］中国地震局.地震科学数据共享管理办法[EB/OL].[2021-07-28].https://www.cea.gov.cn/cea/zwgk/zcfg/369272/1228635/index.html.

［156］沈卫超，陈虹，夏芳，等.元数据管理系统的设计与实现[C].第 15 届全国信息存储技术学术会议，2008.

［157］王文清.基于 OAI-PMH 协议的元数据注册管理系统的设计与实现[D].北京：北京交通大学，2013.

［158］中华人民共和国国家质量监督检验检疫总局，中国国家标准化管

理委员会. 科技平台元数据注册与管理：GB/T 30524—2014［S］. 北京：中国标准出版社，2014.

［159］NSDL. National scientific digital library［EB/OL］.［2021-07-28］. http://metadataregistry. org/.

［160］OTTO B, FOLMER E, EBNER V. A characteristics framework for semantic information systems standards［C］. Inf Syst E-Bus Manage, 2012, 10: 571-602.

［161］The Nature Environment Research Council. NERC discovery metadata standard[EB/OL]. [2022-03-03]. http://data-search.nerc.ac.uk/documents/metadatastandard_v1.0.pdf.

［162］WADDINGTON S, ZHANG J, KNIGHT G, et al. Cloud repositories for research data—addressing the needs of researchers［J］. Journal of cloud computing: advances, systems and applications, 2013, 2（1）: 1-27.

［163］Dublin Core Metadata Initiative. DCMI metadata terms［EB/OL］.［2021-07-28］. http://dublincore. org/documents/dcmi-terms/.

［164］Technical Committee ISO/TC46. ISO 23527：2019. Information and Documentation – Research Activity Identifier Information Technology — Learning, Education, Training and Research（RAiD）［S］. Geneva: International Organization for Standardization, 2019.

［165］National Archives of Australia. AGLS metadata standard part 2—usage guide［EB/OL］.［2021-07-09］. http://www. agls. gov. au/pdf/AGLS%20Metadata%20Standard%20Part%202%20Usage%20Guide.PDF.

［166］LOOMIS J. Windows media metadata usage guidelines［EB/OL］. http://msdn. microsoft. com/library/ms867702. aspx.

［167］Dublin Core Metadata Initiative. Guidelines for Dublin Core Application Profiles（Working Draft）［EB/OL］.［2021-07-09］. http://dublincore. org/documents/2008/11/03/profile-guidelines/#sect-7.

［168］中华人民共和国国家质量监督检验检疫总局，中国国家标准化管理委员会. 元数据的 XML Schema 置标规则：GB/T 24639—2009［S］.

北京：中国标准出版社，2009.

［169］中华人民共和国国家质量监督检验检疫总局，中国国家标准化管理委员会.信息技术 学习、教育和培训学习对象元数据XML绑定规范：GB/T 29807—2013［S］.北京：中国标准出版社，2013.

［170］中华人民共和国国务院.国家中长期科学和技术发展规划纲要（2006—2020年）［EB/OL］.［2021-07-09］.http://www.gov.cn/gongbao/content/2006/content_240244.html.

［171］中华人民共和国科学技术部.国家科技计划年度报告［EB/OL］.［2021-07-09］.http://www.most.cn/ndbg/.

［172］中华人民共和国科学技术部.重大专项组织实施和管理专题座谈会在京召开［EB/OL］.［2021-07-09］.http://www.nmp.gov.cn/gzdt/201512/t20151202_3833.htm.

［173］中华人民共和国科学技术部.万钢部长与国投公司商谈研究以基金方式推动重大专项成果转化工作［EB/OL］.［2021-07-09］.http://www.nmp.gov.cn/gzdt/201604/t20160419_3988.htm.

［174］euroCRIS.CERIF1.6［EB/OL］.［2021-07-28］.https：//www.eurocris.org/cerif/feature-tour/cerif-16.